职业教育活页式新形态教材

基因工程技术

覃鸿妮　谢钰珍　吴　凡　主编

化学工业出版社

·北京·

内容简介

《基因工程技术》按照基因工程药品生产上游技术岗位的典型工作任务编写，分为四个项目，项目一为实验操作基本技能，主要学习琼脂糖凝胶电泳定性检测目的DNA、紫外分光光度计定量检测目的DNA、大肠杆菌培养基的制备和大肠杆菌的分离与培养四种基因工程实验常用技能；项目二为核酸的分离与纯化，主要学习CTAB法、磁珠法和离心柱法三种常用基因组DNA提取方法，以及碱裂解法对小量质粒DNA和大量质粒DNA的提取纯化方法；项目三为PCR获取目的基因，通过对常规PCR扩增目的基因、重叠PCR合成目的基因、实时荧光定量PCR检测目的基因三个任务的学习和训练，掌握PCR基本原理，熟练基本操作流程；项目四为重组质粒的构建与筛选，通过大肠杆菌感受态的制备，重组质粒的构建与筛选，目的基因的蛋白表达、纯化与功能验证三个任务的学习，掌握目的基因从合成到表达的一般过程，熟练酶切、连接、转化、菌检、蛋白纯化与鉴定的基本操作。本教材设计为活页式新形态教材，以便更灵活选取教学内容；配套有丰富的数字资源，可扫描二维码学习观看；教材有机融入课程思政与职业素养内容，落实立德树人根本任务。

本教材不仅可作为职业教育生物技术、生物制药、制药工程等相关专业贯通培养的教材使用，也可作为基因工程药品生产人员、医学生物技术PCR检测人员、核酸检测员的参考书籍。

图书在版编目（CIP）数据

基因工程技术 / 覃鸿妮，谢钰珍，吴凡主编 . —北京：化学工业出版社，2022.11

职业教育活页式新形态教材

ISBN 978-7-122-41971-2

Ⅰ.①基… Ⅱ.①覃… ②谢…③吴… Ⅲ.①基因工程-高等职业教育-教材 Ⅳ.①Q78

中国版本图书馆CIP数据核字（2022）第143865号

责任编辑：迟　蕾　张雨璐　李植峰
责任校对：刘曦阳
装帧设计：王晓宇

出版发行：化学工业出版社
　　　　　（北京市东城区青年湖南街13号　邮政编码100011）
印　　装：中煤（北京）印务有限公司
787mm×1092mm　1/16　印张11¼　字数258千字
2024年3月北京第1版第1次印刷

购书咨询：010-64518888
售后服务：010-64518899
网　　址：http://www.cip.com.cn
凡购买本书，如有缺损质量问题，本社销售中心负责调换。

定　　价：49.80元　　　　　　　　　　　　　版权所有　违者必究

《基因工程技术》
编写人员

主　编　覃鸿妮　谢钰珍　吴　凡

副主编　谢亦潇　张　勇　石　焱

参　编（按姓氏汉语拼音排序）

　　　　高　杨　胡振新　贾红圣　李　丹

　　　　李秋实　宋京城　薛高旭

前　言

2021年教育部印发了《"十四五"职业教育规划教材建设实施方案》（教职成厅[2021]3号），明确职业教育教材建设要突出重点，要加强公共基础课程和重点专业领域教材建设，补足紧缺领域教材，增强教材适用性、科学性、先进性。

基因与生物技术被国家"十四五"规划确定为七大科技前沿攻关领域之一，同时，基因技术被列为国家战略性未来产业。基因工程是生物技术的核心内容，基因工程技术是生物制药、生物技术、制药工程和医药类专业的必修课程之一，旨在培养学生掌握核酸提取纯化、PCR技术以及重组质粒构建与筛选的基本理论知识和操作技能。

本教材依据专业培养目标，采用项目导向、任务驱动，按照基因工程药品生产上游技术岗位的典型工作任务，设计了4大项目15个任务。学生通过每个任务的学习，达到全面掌握基因工程实验操作技能的目的。每个任务包括任务描述、任务准备、任务实施、扩展学习、思政微课堂、工作任务单、教师考核、任务检测八部分。"任务描述"和"任务准备"主要介绍任务要求、学习目标和技术路线，让学生对该任务所要达到的学习目的有整体认知。"任务实施"包含实施步骤、实施方法、知识充电站，"实施方法"融入信息化资源，将枯燥的步骤描述通过视频具象化展示，让学生能够更好地掌握操作技能；在"知识充电站"介绍相应所需的理论知识，体现理论学习的实用性和适用性。通过"扩展学习"拓宽学习的深度和广度，并在"思政微课堂"提升学生的思想道德修养和职业素养。学生通过完成"工作任务单"提升实践能力，培养分析和解决问题的能力。"教师考核"用于教师对于学生整体任务执行情况的评价。"任务检测"有助于学生评估自己对任务内容的掌握程度。教材编写响应《职业院校教材管理办法》的要求，将本教材设计为活页式新形态教材，更好地满足项目-任务式教学的需要，对教学内容的选取更为灵活。

本教材编者来自教学一线的教师和生产一线的工程技术人员，其中覃鸿妮负责统稿，并与张勇、石焱、薛高旭完成项目三、项目四的编写，吴凡、贾红圣、宋京城、高杨完成项目一、项目二的编写，谢钰珍、谢亦潇、李丹完成项目二的编写。本教材在编写过程中，得到编者所在学校的大力支持；薛高旭（苏州金唯智生物科技有限公司）、李丹（江苏百赛飞生物科技有限公司）、胡振新和李秋实（苏州晶睿生物科技有限公司）为本教材提供了大量的企业生产一线真实项目素材，在此一并表示感谢。

基因工程技术发展迅猛，前沿技术日新月异。由于编者水平有限，书中难免存在不足之处，殷切希望读者指正，不胜感谢。

编　者

2024年1月

目 录

项目一　实验操作基本技能　　001

任务1　琼脂糖凝胶电泳定性检测目的DNA　　002
　任务描述　/002
　任务准备　/002
　任务实施　/003
　思政微课堂1　我国分子生物学的发展与成就　/007
　扩展学习　十二烷基硫酸钠-聚丙烯酰胺凝胶电泳（SDS-PAGE）　/008
　工作任务单　/011
　教师考核　/012
　任务检测　/013

任务2　紫外分光光度计定量检测目的DNA　　015
　任务描述　/015
　任务准备　/015
　任务实施　/016
　思政微课堂2　我国在世界上首次人工合成酵母丙氨酸转移核糖核酸　/022
　扩展学习　酶标仪检测蛋白活性　/023
　任务检测　/024
　工作任务单　/025
　教师考核　/026

任务3　大肠杆菌培养基的制备　　027
　任务描述　/027
　任务准备　/027
　任务实施　/028
　思政微课堂3　安全工作重于泰山　/030
　扩展学习　培养基的分类及常用培养基　/031
　工作任务单　/033
　教师考核　/034
　任务检测　/035

任务4　大肠杆菌的分离与培养　　037

任务描述　/ 037

任务准备　/ 037

任务实施　/ 038

思政微课堂4　世界上第一个人工全合成结晶牛胰岛素在中国诞生　/ 040

扩展学习　微生物无菌操作技术　/ 041

工作任务单　/ 043

教师考核　/ 044

任务检测　/ 045

项目二　核酸的分离与纯化　　047

任务1　CTAB法提取植物基因组DNA　　048

任务描述　/ 048

任务准备　/ 048

任务实施　/ 049

思政微课堂5　DNA结构的研究历程　/ 053

扩展学习　SDS法提取细胞DNA　/ 054

工作任务单　/ 055

教师考核　/ 056

任务检测　/ 057

任务2　磁珠法提取全血基因组DNA　　059

任务描述　/ 059

任务准备　/ 059

任务实施　/ 060

思政微课堂6　生物遗传资源的保护　/ 062

扩展学习　核酸提取仪　/ 063

工作任务单　/ 065

教师考核　/ 066

任务检测　/ 067

任务3　离心柱法提取石蜡组织切片基因组DNA　　069

任务描述　/ 069

任务准备　/ 069

任务实施　/ 070

思政微课堂7　保护环境，敬畏自然　/ 073

扩展学习　石蜡组织切片的常用脱蜡方法　/ 074

工作任务单　/ 075

教师考核　/ 076

任务检测　/ 077

任务4　碱裂解法小量提取大肠杆菌质粒DNA　　079

任务描述　/ 079

任务准备　/ 079

任务实施　/ 080

思政微课堂8　人类基因组计划　/ 083

扩展学习　质粒抽提常用方法及试剂盒选择　/ 085

工作任务单　/ 087

教师考核　/ 088

任务检测　/ 089

任务5　碱裂解法大量提取大肠杆菌质粒DNA　　091

任务描述　/ 091

任务准备　/ 091

任务实施　/ 092

思政微课堂9　让老百姓用得上、用得起更多创新药　/ 095

扩展学习　细菌内毒素　/ 097

工作任务单　/ 099

教师考核　/ 100

任务检测　/ 101

项目三　PCR获取目的基因　　103

任务1　常规PCR扩增目的基因　　104

任务描述　/ 104

任务准备　/ 104

任务实施　/ 105

思政微课堂10　PCR之父　/ 109

扩展学习　三代PCR的发展　/ 110

工作任务单　/ 111

教师考核　/ 112

任务检测　/ 113

任务2　重叠PCR合成目的基因　　115

任务描述　/ 115

任务准备　/ 115

任务实施　/ 116

思政微课堂11　预防核酸检测"假阳性"　/ 118

扩展学习　重叠PCR的应用及引物设计注意事项　/ 119

工作任务单　/ 121

教师考核　/ 122

任务检测　/ 123

任务3　实时荧光定量PCR检测目的基因　　125

任务描述　/ 125

任务准备　/ 125

任务实施　/ 126

思政微课堂12　抗击新冠疫情科技攻关的"中国速度"　/ 131

扩展学习　数字PCR　/ 132

工作任务单　/ 133

教师考核　/ 134

任务检测　/ 135

项目四　重组质粒的构建与筛选　137

任务1　大肠杆菌感受态的制备　138

任务描述　/138

任务准备　/138

任务实施　/139

思政微课堂13　当好药品质量"守门员"　/141

扩展学习　电转化法制备大肠杆菌感受态细胞　/142

工作任务单　/143

教师考核　/144

任务检测　/145

任务2　重组质粒的构建与筛选　147

任务描述　/147

任务准备　/147

任务实施　/148

思政微课堂14　用法律守好伦理之门　/151

扩展学习　重组载体构建常见的问题及解决方法　/153

工作任务单　/155

教师考核　/156

任务检测　/157

任务3　目的基因的蛋白表达、纯化与功能验证　159

任务描述　/159

任务准备　/159

任务实施　/160

思政微课堂15　蓝色血液引来的杀身之祸　/163

扩展学习　重组蛋白表达技术　/164

工作任务单　/165

教师考核　/166

任务检测　/167

参考文献　/169

项目一
实验操作基本技能

项目简介

药品生产中的基因工程基本实验操作包括以下步骤：获取目的基因、构建表达载体、导入受体细胞、对目的基因的检测和鉴定。无论研究的是哪种目的基因，实验过程中都少不了对细胞的培养以及对目标产物的定性定量检测等实验基本操作（图1-0-1）。

在基因工程药物的研发和生产过程中，大肠杆菌作为蛋白表达宿主菌是最常用的，因此大肠杆菌的分离和培养是必须掌握的基础技能。

目标产物无论是核酸或蛋白质，都可以通过琼脂糖凝胶电泳和紫外可见分光光度法进行定性及定量检测。DNA在琼脂糖凝胶中泳动时会产生电荷效应和分子筛效应，根据分子量大小发生分离，起到定性检测的目的。此外，利用核酸能够吸收紫外光且最大吸收峰在260nm波长处的特性，通过紫外分光光度法测定溶液的光吸收值，可以计算出待测核酸溶液的浓度，达到定量检测的目的。

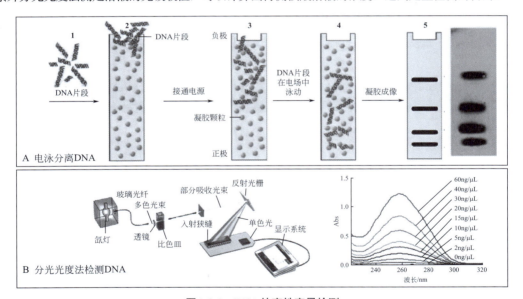

图1-0-1 DNA的定性定量检测

本项目设置了"琼脂糖凝胶电泳对目的DNA的定性检测""紫外分光光度计对DNA的定量检测""大肠杆菌培养基的制备"和"大肠杆菌的分离与培养"四个任务。通过这四个任务的训练，掌握细胞培养、电泳和紫外分光光度法的基本原理，学会细胞培养及琼脂糖凝胶电泳的操作流程，能够根据任务要求灵活应用紫外分光光度法来进行定量分析，并在实验操作过程中，培养无菌操作意识，增强在实际生产过程中的安全意识和规范操作意识。

任务1 琼脂糖凝胶电泳定性检测目的DNA

任务描述			
教学方法	任务驱动	教学模式	理实一体
建议学时	4	教学地点	理实一体化教室

任务要求	琼脂糖凝胶电泳是常用的用于分离、鉴定DNA和RNA混合物的方法。本任务以琼脂糖凝胶作为支持介质，利用DNA分子在其中泳动时的分子筛效应和电荷效应将不同大小或构型的DNA分离开来，从而达到检测或鉴定的目的。	电泳理论讲解

	知识和技能目标	思政和职业素养目标
学习目标	1. 掌握电泳的概念和用途，掌握琼脂糖凝胶电泳法检测DNA的原理和方法； 2. 能够在老师指导下完成琼脂糖凝胶电泳图谱的描述与分析。	1. 电泳检测时，制胶、点样等每个过程都与结果密切相关，通过体会过程与结果的关系，培养学生严谨、细致、规范操作的工作习惯； 2. 通过我国分子生物学的发展与成就启示，培养胸怀祖国、服务人民的爱国精神和甘为人梯、奖掖后学的育人精神。

任务准备	
设备、耗材和试剂	1. 设备：紫外凝胶成像系统、微波炉、电子天平、电泳仪电源、水平电泳槽、100mL量筒、150mL锥形瓶、制胶板、胶槽、制胶梳、10μL微量移液器。 2. 耗材：移液器吸头、一次性PE手套。 3. 试剂：待测DNA样品、琼脂糖、Tris、硼酸、0.5mol/L EDTA、溴化乙锭、6×上样缓冲液、DNA分子量标记。

技术路线

试剂准备 → 器材准备 → 凝胶配制 → 胶板制备

结果分析 ← 凝胶成像 ← 电泳 ← 样品加样

任务 1　琼脂糖凝胶电泳定性检测目的 DNA

任务实施

实施步骤	实施方法	知识充电站
1.任务前准备	**（1）试剂准备** 　电泳实验时经常将电泳缓冲液预制成5×或者50×的储液，使用时再稀释到1×的工作液，具体配方见表1-1-1。 **（2）器材准备** 　①　用蒸馏水将制胶模具和梳子冲洗干净，备用； 　②　安装好电泳仪电极导线。	**电泳缓冲液**是指在进行分子电泳时所使用的缓冲溶液，用以维持合适的pH，同时溶液具有一定的导电性，利于DNA分子的迁移。 　常见的电泳缓冲液主要有三种：TAE、TBE和TPE，三者的比较详见表1-1-2。以上三种缓冲液都有一个共同组分——EDTA，其作用是螯合Mg^{2+}等离子，防止电泳时激活DNA酶，此外还可防止Mg^{2+}离子与核酸生成沉淀。

表1-1-1　三种电泳缓冲液、储液、工作液的配制

缓冲液	储液，目标体积1L		工作液
Tris-乙酸（TAE）	50×	242g Tris 碱	1×
		57.1mL 冰醋酸	
		100mL 0.5mol/L EDTA（pH8.0）	
Tris-硼酸（TBE）	50×	54g Tris	1×
		27.5g 硼酸	
		20mL 0.5mol/L EDTA（pH8.0）	
Tris-磷酸（TPE）	5×	108g Tris	0.5×
		15.5mL 磷酸（85%）	
		40mL 0.5mol/L EDTA（pH8.0）	

表1-1-2　三种常见电泳缓冲液的优缺点

缓冲液	优缺点
TAE	主要成分：Tris-乙酸盐与EDTA。 优点： ① 适用于大片段DNA的分离，电泳大于13kb的片段时分离效果好； ② 适用于DNA片段的胶回收实验； ③ 价格较便宜。 缺点： 缓冲容量小，不适宜长时间电泳或长期使用。
TBE	主要成分：Tris-硼酸盐与EDTA。 优点： ① 缓冲能力强，适合较长时间电泳； ② 分辨率高，电泳小于1kb的片段时分离效果更好。 缺点： 用于琼脂糖凝胶电泳时易造成高电渗作用，并且因与琼脂糖相互作用生成非共价结合的四羟基硼酸盐复合物而使DNA片段的回收率降低，所以不宜在回收电泳中使用。
TPE	主要成分：Tris-磷酸盐与EDTA。 优点： 缓冲能力强，DNA分离效果好。 缺点： 磷酸盐易在乙醇沉淀过程中析出，故也不宜在回收电泳中使用。

003

任务 1　琼脂糖凝胶电泳定性检测目的 DNA

实施步骤	实施方法	知识充电站
2. 凝胶配制	（1）计算 　　根据要分离的DNA片段的大小，确定凝胶浓度，并按公式：浓度（%）=琼脂糖（g）/电泳缓冲液（mL）×100%计算所需的各试剂的量。本任务以制备0.7%检测胶为例。 （2）称量 　　准确称取0.35g琼脂糖置于锥形瓶中，加入50mL 1×TBE，轻摇混匀。 （3）溶解 　　将锥形瓶放入微波炉中，多次加热煮沸至琼脂糖全部溶解，摇匀即成0.7%琼脂糖凝胶液。煮好的凝胶液应无气泡、澄清透明。琼脂糖的溶解见图1-1-1。 图1-1-1　琼脂糖的溶解 注意：加热过程中要不时摇动，使附于瓶壁上的琼脂糖进入溶液；加热时应盖上封口膜，以减少水分蒸发。	琼脂糖（Agarose）是从海藻中提取的一种直链多糖，常温下不溶于水，煮沸时可溶，冷却后凝固成胶体。琼脂糖凝胶的结构本质就是一个多孔的网状结构，其硬度和胶孔大小取决于琼脂糖的浓度，浓度越高，孔隙越小，凝胶越硬，其分离能力就越强。 凝胶浓度：对于琼脂糖凝胶电泳，浓度通常在0.5%～2%之间，低浓度的用来进行大片段核酸的分离，高浓度的用来进行小片段的分离。低浓度胶易碎，需要小心操作或使用质量好的琼脂糖。高浓度的胶可能使分子大小相近的DNA条带不易分辨，造成条带缺失的现象。 溴化乙锭（EB）是一种荧光染料，可以嵌入核酸的双链碱基对之间，在紫外光的激发下，发出橘红色荧光，其荧光强度与DNA含量成正比。EB见光易分解，应用棕瓶保存；遇热易挥发，勿过热时加入；具有强致癌作用，配制和使用时应带乳胶或一次性塑料手套并在专门的实验室内使用，条件具备的情况下，建议用其他更安全的核酸染料替代。
3. 胶板制备	① 将胶槽置于制胶板上，插上制胶梳。待胶液冷却至65℃左右时（手握锥形瓶可以感受微烫），加入2.5μL EB（终浓度0.5μg/mL），摇匀，轻轻倒于制胶板上，除掉气泡。 　② 室温静置20min左右直至凝胶完全凝固； 　③ 垂直轻轻拔出梳子，将凝胶放入电泳槽内，注意点样孔一端靠负极放置； 　④ 加入1×TBE，使电泳缓冲液液面刚好没过胶面1～2mm即可。	电泳注意事项：DNA的等电点为4.0～4.5，在pH为8的电泳缓冲液里带负电，通电后往正极移动，因此电泳时要特别注意正负极，以免DNA反向泳动至凝胶外面。

任务 1　琼脂糖凝胶电泳定性检测目的 DNA

实施步骤	实施方法	知识充电站
4.样品加样	① 分别吸取 5μL DNA 样品和 1μL 6× 上样缓冲液，于点样板或薄膜上混合均匀； ② 用 10μL 微量移液器将混液小心加入胶孔内。每加完一个样品，应更换一个枪头，以防污染，最后加 DNA 分子量标记。 注意：加样前要记录加样顺序和点样量。	**DNA 分子量标记**：DNA Marker，又称 DNA Ladder，是一组分子量大小已知的 DNA 片段混合物。DNA 分子凝胶电泳时，加样用做对比来检测琼脂糖凝胶是否有问题，并通过其大小粗略估算样品 DNA 分子量的大小。DL 5000 DNA 分子量标记示例如图 1-1-2。 图 1-1-2　DL 5000 DNA 分子量标记条带及样品
5.电泳	① 加样结束后，立即打开电泳仪电源开关，按照不超过 5V/cm 的标准设置电压； ② 启动电泳仪，见两极有气泡产生则表明电泳装置运行正常； ③ 样品由负极（黑色）向正极（红色）方向移动，当溴酚蓝移动到距离胶板下沿约 1cm 处时，停止电泳，如图 1-1-3。 图 1-1-3　电泳	**上样缓冲液（loading buffer）**，内含甘油、溴酚蓝、二甲苯氰、SDS（十二烷基硫酸钠）等。 ① **甘油**：加大样品密度，防止样品从加样孔飘出。 ② **溴酚蓝和二甲苯氰**：电泳指示剂，一方面使样品带颜色，让加样操作更便利，另一方面显示电泳进程，以便适时终止电泳。在 0.5% ～ 1.4% 的琼脂糖凝胶中，溴酚蓝的移动速率约与长 300bp 的双链线性 DNA 相同，二甲苯氰与长 4kb 的双链线性 DNA 相同。 ③ **SDS**：促使聚合酶变性，避免其结合在 DNA 双链上影响迁移速率。 **电泳电压**：DNA 的迁移速度与电压成正比，电压升高，琼脂糖凝胶的有效分离范围降低。电泳时电压不应该超过 20V/cm，电压过高，会导致电泳缓冲液发热而影响 DNA 电泳效果，可能会出现条带模糊、不规则的 DNA 带迁移现象及小片段泳动出胶引起的缺带现象。

任务 1　琼脂糖凝胶电泳定性检测目的 DNA

实施步骤	实施方法	知识充电站
6.凝胶成像	① 电泳完毕，取出凝胶，在波长为 254nm 的紫外灯下观察，DNA 存在则显示出肉眼可见的橘红色荧光条带，如图 1-1-4；  图 1-1-4　紫外灯光下的凝胶 ② 采用凝胶成像系统拍照保存。	**凝胶成像系统工作原理：** **定量分析：** 利用光源发出的光照射样品，不同样品对光源吸收的量有差异，且光密度与样品浓度或者质量成线性关系，粗略进行定量分析。 **定性分析：** 由于不同样品在琼脂糖凝胶或者其他载体上的迁移率不一样，将未知样品在图谱中的位置与标准品在图谱中的位置相比较，可以确定未知样品的成分和性质，做定性分析。
7.结果分析	预期实验结果：DNA 分子量标记和样品条带整齐清晰，对比可基本判断样本 DNA 的大小，例如图 1-1-5。 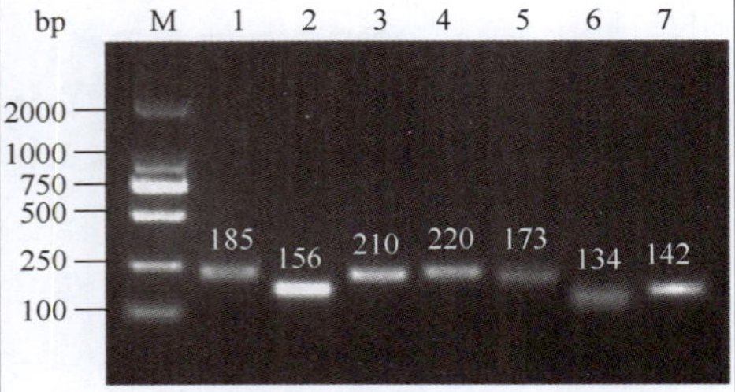 图 1-1-5　DNA 电泳凝胶成像结果	影响电泳结果的因素有很多，比如 DNA 分子的大小、构型、琼脂糖凝胶的浓度以及电泳电压等。如果条带模糊，单从琼脂糖凝胶电泳角度来说，可能的原因有：DNA 染料见光易分解，所以电泳凝胶建议现用现配；电泳槽中缓冲液使用次数过多，缓冲能力下降，特别是 TAE 缓冲液，一般用 2～3 次就得更换。
实验操作演示视频	凝胶制备实验操作　　　点样跑胶实验操作	

思政微课堂 1

我国分子生物学的发展与成就

【事件】

1. 我国分子生物学的发展基础

生物化学是分子生物学发展的基础，我国科学家在生物化学领域早年就有重大建树，例如1931年生物化学家吴宪首次提出蛋白质变性学说。

2. 改革开放前的发展与成就

中华人民共和国成立后，和平稳定的大环境促进了科学的快速发展。1956年，中国科学院在遗传学座谈会上重新确认了孟德尔和摩尔根的遗传学定律，中国的分子生物学开始起步，在人工合成蛋白质及核酸、蛋白质分子结构解析等方面都取得了举世瞩目的成就：①1965年，在世界上首次完成了蛋白质结晶牛胰岛素的人工合成；②1971年和1973年，我国科学工作者先后独立解出2.5埃和1.8埃（1埃=10^{-10}米）分辨率的猪胰岛素分子的三维结构。

3. 改革开放后的发展与成就

改革开放后，我国在基因工程方面取得的主要成就有：①1981年，首次完成了酵母丙氨酸tRNA的人工合成；②实现了基因克隆方面零的突破，例如完成了乙肝表面抗原基因的克隆与重组，首次完成耳聋基因 *GJB3* 的克隆等；③中国加入人类基因组计划，承担1%的测序任务并提前完成；④独立完成水稻基因组框架图的绘制。

4. 中国分子生物学研究的发展前景

随着近年中国经济的突飞猛进，国家在科研与教育方面的投入呈指数级增长，越来越多的海外华人科学家选择回国发展，中国的分子生物学研究厚积薄发，悄然改写世界生命科学版图。科技抗击新冠肺炎疫情是一个缩影，中国科学家率先鉴定出病原并给出基因组序列、明确细胞ACE2是病毒的受体、提供临床治疗方案和经验等，对全球新冠肺炎疫情防控作出重大基础性共享。

"十四五"期间，我国将不断布局和优化具有重大应用前景的前沿生物技术研究，着力推动重大科技成果的原始创新和技术转化，突破解决一系列关键核心技术与"卡脖子"问题，推动生物经济相关产业的高质量发展，助力我国生物科技高水平自立自强和生物强国建设。

【启示】

1. 胸怀祖国、服务人民的爱国精神。科学没有国界，但科学家是有国别的。爱国奉献是老一辈科学家传承下来的宝贵精神，也是新一代青年科技工作者要坚持的。

2. 甘为人梯、奖掖后学的育人精神。一代代青年科技工作者在老一辈科学家们的悉心栽培与引领下，得以施展拳脚，成长为科学前沿的领军人物，推动我国科研事业的不断发展。

【思考】

1. 谈谈对我国分子生物学发展的认识。
2. 自学《新时代的中国青年》白皮书，谈谈你的思考和感想。

扩展学习

十二烷基硫酸钠-聚丙烯酰胺凝胶电泳（SDS-PAGE）

聚丙烯酰胺凝胶电泳（PAGE），是以聚丙烯酰胺凝胶作为支持介质的一种常用电泳技术，用于分离蛋白质和寡核苷酸。它有两种形式：非变性聚丙烯酰胺凝胶电泳（native-PAGE）和十二烷基硫酸钠-聚丙烯酰胺凝胶电泳（SDS-PAGE）。在非变性聚丙烯酰胺凝胶电泳的过程中，蛋白质能够保持完整状态，并依据蛋白质的分子量大小、蛋白质的形态及其所带的电荷量而逐渐呈梯度分开。而 SDS-PAGE 仅根据蛋白质亚基分子量的不同就可以将蛋白质区分开。

1. SDS-PAGE 的原理

聚丙烯酰胺凝胶是由丙烯酰胺和 N,N'—亚甲基双丙烯酰胺在催化剂的作用下聚合交联而成的具有三维网状结构的凝胶。在电场的作用下，带电粒子能在聚丙烯酰胺凝胶中迁移，其迁移速率与带电粒子的大小、构型和所带电荷有关。

SDS-PAGE 是在聚丙烯酰胺凝胶系统中引入 SDS。SDS 是一种阴离子去污剂，能破坏蛋白质的氢键和疏水作用，导致蛋白质构象改变。此外，SDS-PAGE 中还添加有强还原剂（如 β-巯基乙醇或二硫苏糖醇 DTT），它们可以将蛋白质分子内的二硫键（S—S 键）还原为游离的—SH，使样本中所有的蛋白都变成线性的一级结构。在一定浓度的含有强还原剂的 SDS 溶液中，蛋白质分子与 SDS 按照一定比例结合成复合物，因十二烷基硫酸根带负电，因此这种结合可使蛋白质带负电荷的量远远超过其本身原有的电荷，从而掩盖了不同种蛋白质间原有的电荷差别。此外，SDS 与蛋白质结合后还可引起后者构象改变，蛋白质-SDS 复合物形成近似"雪茄烟"形的长椭圆棒，因此各种蛋白质-SDS 复合物在电泳时的迁移速率不再受原有电荷和构型的影响，而只与蛋白质的分子量相关。其原理如图 1-1-6 所示。

SDS-PAGE 大多在不连续缓冲系统中进行，其电泳槽缓冲液的 pH 值与离子强度不同于制胶缓冲液。制胶缓冲液使用的是 Tris-HCl 缓冲系统，浓缩胶 pH 为 6.8，分离胶 pH 为 8.8。电泳缓冲液使用的是 Tris-甘氨酸缓冲系统。

在浓缩胶中，pH 环境呈弱酸性，甘氨酸（Gly）解离很少，在电场作用下，泳动效率低；而 Cl⁻ 却很高，两者之间形成导电性较低的区带，蛋白质分子就介于二者之间泳动。由于导电性与电场强度成反比，这一区带便形成了较高的电压梯度，压着蛋白质分子聚集到一起，逐渐被浓缩为一狭窄的区带。当样品进入分离胶后，pH 增大，甘氨酸大量解离，泳动速率增加，直接紧随 Cl⁻ 之后，同时，由于

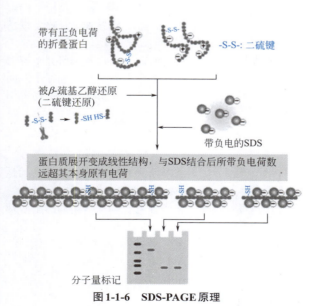

图 1-1-6　SDS-PAGE 原理

分离胶孔径的缩小，蛋白质分子开始在电场作用下按照分子量大小自由地分离。浓缩胶与分离胶的作用如图1-1-7。

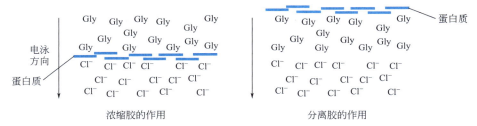

图1-1-7　浓缩胶与分离胶的作用

2. 电泳操作

大致流程：安装胶盒→制备分离胶→制备浓缩胶→凝固后上样→电泳→染色或转膜等。如图1-1-8。

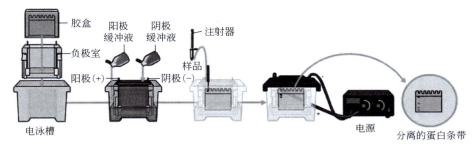

图1-1-8　SDS-PAGE一般流程图

（1）胶盒的安装

在干净的凹形玻璃板的三角边上放好塑料条，然后将另一块玻璃板压上，用夹子夹紧（或装在制板模型中），在两块板之间加入热融的1%琼脂糖凝胶封边。

（2）分离胶的制备

① 根据待分离蛋白质的大小，按表1-1-3配方配制相应浓度的分离胶；

表1-1-3　配制分离胶

成分	分离胶浓度				
	6%	**10%**	**12%**	**15%**	**20%**
去离子水/mL	5.3	4.0	3.2	2.3	1.2
30%凝胶液/mL	2.0	3.3	4.0	5.0	6.7
3mol/L Tris-HCl（pH8.9）/mL	2.6	2.6	2.6	2.6	2.6
10%SDS/mL	0.1	0.1	0.1	0.1	0.1
10%APS/μL	30	30	30	30	30
TEMED/μL	20	10	10	10	10
总计/mL	10	10	10	10	10

② 轻摇混匀，小心将混合液注入玻璃板间隙中；

任务1　琼脂糖凝胶电泳定性检测目的 DNA

③ 胶液注到离玻璃板口2cm处，立即在其表面覆盖一层去离子水，以阻隔空气中氧对凝合的抑制作用；

④ 静置1h，当看到水层下面有一清晰的界面时，表明胶已聚合凝固；

⑤ 倾去上层水液，并用滤纸吸干残留液体。

（3）浓缩胶的制备

① 按表1-1-4配方制备所需体积的浓缩胶溶液；

表1-1-4　配制浓缩胶

成分	浓缩胶体积			
	5mL	8mL	10mL	15mL
去离子水/mL	3.4	5.5	6.8	10.2
30%凝胶液/mL	0.83	1.3	1.7	2.53
0.5mol/L Tris-HCl（pH6.8）/mL	0.65	1.0	1.25	1.88
10%SDS/mL	0.05	0.08	0.1	0.15
10%AP/μL	40	80	100	120
TEMED/μL	10	12	15	20

② 摇匀混合，将胶液注入分离胶上端，直至离边缘5mm处；

③ 迅速插入梳子，室温静置等待胶凝固。

（4）样品制备

等待浓缩胶凝固时，将蛋白样品与2×上样缓冲液等体积混合，100℃煮沸5～10min。

（5）上样

① 浓缩胶凝固完全后，将胶板固定于电泳装置上，上下槽均加入1×电泳缓冲液；

② 小心拔出梳子，用移液器冲洗梳孔，检查有无漏液，并去除两玻璃板间凝胶底部气泡；

③ 用微量移液器按序加样，加样体积由样品蛋白浓度而定，一孔加一个样品，同时用已知分子量的标准蛋白作对照。

（6）电泳

开始时电压为5～8V/cm，待染料浓缩成一条线开始进入分离胶后，将电压增至10～12V/cm，继续电泳直到溴酚蓝抵达分离胶底部，断开电源。

（7）剥胶

取下胶板，从底部一侧轻轻撬开玻璃板，用刀片切去浓缩胶，并切去一小角作记号，以便在染色及干胶后仍能认出加样次序。

（8）固定及染色

取下凝胶放入大培养皿，用考马斯亮蓝染色液染色并固定，最好放在摇床缓慢旋转1～2h。

（9）脱色

先用蒸馏水洗去染料，再放入脱色液中浸泡，更换脱色液3～4次，直至背景干净，蛋白条带清晰可见。

（10）拍照

将脱色好的凝胶放入凝胶成像仪，拍照保存。

工作任务单

任务名称					
姓名		班级		日期	

电泳检测流程信息

步骤名称	主要参数			
	试剂	理论用量	实际用量	
1.制胶	琼脂糖			
	电泳缓冲液			
	核酸染料			
2.上样	待检样本			
	载样缓冲液			
	DNA 分子量标记			
3.电泳	电压：			
	电流：			
	电泳时间：			

电泳检测结果

凝胶电泳图与结果分析	

任务 1　琼脂糖凝胶电泳定性检测目的 DNA

教师考核			
考核内容	考核指标	配分	得分
凝胶配制（60%）	试剂用量计算准确性	10	
	称量操作规范性	10	
	溶解操作规范性	10	
	制胶器组装熟练程度	10	
	倒胶动作规范性	10	
	凝胶透明无杂质，厚度适宜	10	
电泳检测（10%）	上样操作规范性及熟练程度	5	
	电泳参数设置合理性	5	
电泳结果（30%）	电泳背景图清晰	5	
	DNA分子量标记带型正常	5	
	结果描述与分析准确到位	20	
总体评价			
考核人签字		总分	

任务 1　琼脂糖凝胶电泳定性检测目的 DNA

任务检测

姓名_____　　班级_____　　成绩_____

一、选择题（每题2分，共10分）

1. 下列关于DNA琼脂糖电泳的开展过程，正确的顺序是（　　　）。
   ① DNA样品的准备　　② 接通电源　　③ 制备凝胶　　④ 电泳结果分析　　⑤ 加样
   A. ①②③④⑤　　　　B. ③①②④⑤　　　　C. ①③②⑤④　　　　D. ③①⑤②④

2. DNA分子在电泳缓冲液中，带何种电荷？（　　　）
   A. 正电荷　　　　　　B. 负电荷　　　　　　C. 不带电荷

3. 凝胶电泳回收DNA时，最好选用下列哪种缓冲液？（　　　）
   A.TAE　　　　　　　B.TBE　　　　　　　C.TPE　　　　　　　D. MOPS
   E.都可以，没有差别

4. 使用SDS-聚丙烯酰胺凝胶电泳过程中，不同蛋白质的电泳迁移率完全取决于（　　　）。
   A. 电荷的多少
   B. 分子的大小
   C. 肽链的多少
   D. 分子形态的差异

5. 蛋白质聚丙烯酰胺凝胶电泳的电泳缓冲液是（　　　）。
   A. Tris-乙酸缓冲液　　　　　　　　　　B. Tris-硼酸缓冲液
   C. Tris-磷酸缓冲液　　　　　　　　　　D.Tris-甘氨酸缓冲液

二、多项选择题（每题5分，共20分）

1. 琼脂糖凝胶电泳常用的缓冲液有（　　　）。
   A.TAE　　　　　　　B.TBE　　　　　　　C.TPE　　　　　　　D.TTE

2. 配制琼脂糖凝胶时要用到的试剂有（　　　）。
   A. 琼脂粉　　　　　B. 琼脂糖　　　　　C.TAE　　　　　　D. 双蒸水

3. 琼脂糖凝胶电泳分离核酸时，在上样缓冲液中加指示剂的作用有（　　　）。
   A. 增加上样比重　　　　　　　　B. 提供颜色反应，便于操作
   C. 指示电泳迁移过程　　　　　　D. 直接指示核酸的泳动位置
   E. 在紫外线的激发下可发出荧光

4. SDS-PAGE时，SDS的作用有（　　　）。
   A. 促进聚丙烯酰胺凝胶聚合　　　　　B. 消除不同种蛋白质间原有的电荷差别
   C. 改变蛋白质原有的构象　　　　　　D. 调节pH
   E. 改变凝胶孔径大小

三、判断题（每题2分，共10分）

1. 核酸在小于等电点的pH溶液中，向正极移动，而在大于等电点的pH溶液中，将向负极移动。　　　　　　　　　　　　　　　　　　　　　　　　　　　　　　（　　　）

2. SDS-PAGE主要用于分离分子量不同的蛋白质混合物。　　　　　　　　（　　　）

3. 电泳时，电压越大，DNA分子泳动越快，琼脂糖凝胶的有效分离范围越大。（   ）
4. 核酸电泳指示剂可在紫外光的激发下发出橘红色荧光而指示核酸的泳动位置。（   ）
5. TAE作为应用最广泛的电泳缓冲液，既可用于长时间电泳，又可用于DNA片段的琼脂糖凝胶回收实验。（   ）

四、填空题（每空2分，共20分）

1. 琼脂糖凝胶的分辨力与胶浓度的关系是_____。
2. 用琼脂糖凝胶电泳检测DNA样品，制胶时，称取0.6g琼脂粉加入到____mL的1×TBE中，即可配成0.8%的琼脂糖凝胶。
3. 上样缓冲液是琼脂糖凝胶电泳中的指示剂，主要由_____、_____和甘油三种成分构成。
4. 琼脂糖凝胶电泳常用的染色剂是_____。因其有一定的毒性，现常用GelRed等商品替代。
5. 在电泳检测时，DNA条带越亮则表示DNA含量_____。
6. 电泳时可以直接观察到的_____条泳动的条带，它们的位置_____（直接指示/不直接指示）核酸的泳动位置。前面的紫蓝色条带代表_____的泳动进度，后面的蓝色条带代表_____的泳动进度。

五、问答题（40分）

1. 什么是电泳？琼脂糖凝胶电泳分离DNA的原理是什么？（10分）
2. 核酸电泳指示剂和染色剂分别是什么？简述其作用。（15分）
3. 分析比较琼脂糖凝胶电泳和聚丙烯酰胺凝胶电泳的异同点。（15分）

参考答案

任务2　紫外分光光度计定量检测目的DNA

任务描述			
教学方法	任务驱动	教学模式	理实一体
建议学时	4	教学地点	理实一体化教室

任务要求	分光光度法是生物化学实验中常用的检测方法。分光光度计是基于分光光度法，通过测定被测物质在特定波长处或一定波长范围内光的吸收度，对该物质进行定性和定量分析的仪器。本任务要求利用紫外分光光度计对大肠杆菌菌液进行浓度测定，并根据结果判断细菌生长情况；利用NanoDrop（超微量分光光度计）检测质粒DNA的浓度和纯度，并根据检测结果判断样本的质量。

学习目标	知识和技能目标	思政和素养目标
	1. 掌握分光光度法对核酸、菌液、蛋白质等进行定量检测的原理； 　　2. 能够规范使用紫外分光光度计检测大肠杆菌菌液浓度，并根据结果判断细菌生长情况； 　　3. 能够规范使用NanoDrop检测质粒DNA的浓度和纯度，并根据结果判断质粒DNA的质量。	1. 严格遵守SOP的质量意识，树立对精密实验设备规范使用的操作意识； 　　2. 通过我国在世界上首次人工合成酵母丙氨酸转移核糖核酸的案例，形成民族自豪感和制度自信。

任务准备	

设备、耗材和试剂	1. 设备：紫外分光光度计Evolution 201及配套石英比色皿、NanoDrop 1000超微量分光光度计、1000μL/10μL微量移液器。 　　2. 耗材：移液器吸头、擦镜纸、5mL EP管、PCR管若干。 　　3. 试剂：去离子水、LB液体培养基、大肠杆菌菌液、质粒DNA样本。

技术路线

大肠杆菌菌液准备 → 仪器准备 → 自检调零 → 样品检测 → 结果分析 → 仪器清洁

质粒DNA样品准备 → 仪器准备 → 自检调零 → 样品检测 → 结果分析 → 仪器清洁

任务 2　紫外分光光度计定量检测目的 DNA

任务实施		
使用紫外分光光度计检测大肠杆菌菌液浓度		
实施步骤	实施方法	知识充电站
1.菌液准备	① 肉眼观察过夜培养的大肠杆菌菌液浑浊程度，并吸取800μL菌液至5mL EP管中； ② 吸取3.2mL的去离子水加入EP管进行稀释并混合均匀，作为待测液备用。	**大肠杆菌生长曲线**：在合适的条件下，大肠杆菌每20分钟分裂一次，其生长经历迟缓期、对数期、稳定期和衰亡期四个阶段。在对数期细菌繁殖速度最快，活力最旺盛。以培养时间为横坐标，细菌数目的对数或生长速率为纵坐标所绘制的曲线就是大肠杆菌的生长曲线（图1-2-1）。 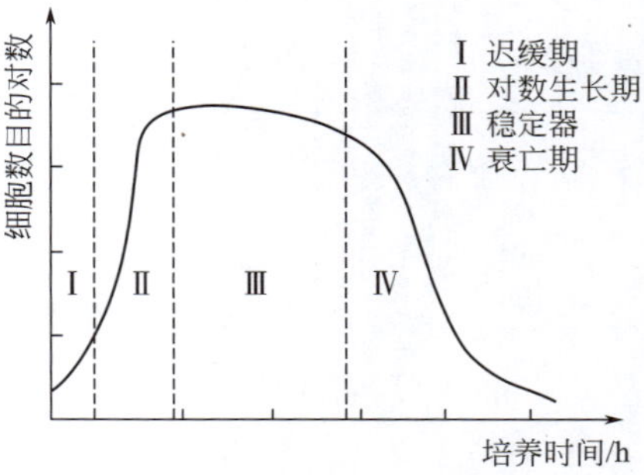 图1-2-1　大肠杆菌生长曲线 在一定范围内，微生物细胞浓度与透光度成反比，与光密度成正比。因此，可利用一系列的细菌悬液测定其光密度和含菌量，做出光密度—细菌数的标准曲线，然后根据待测液所测得的光密度判断细菌生长情况。
2.仪器准备	① 检查设备和工作场所是否清洁，设备状态是否正常并与实际相符； ② 打开紫外分光光度计Evolution 201的电源开关，按下开机键，设备运行。仪器使用前，需开机预热10min以上； ③ 电脑开机登录账户，打开软件登录账户，如图1-2-2。 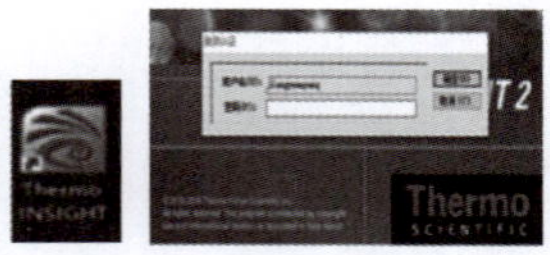 图1-2-2　打开软件并登录	**紫外分光光度计**：是基于分光光度法原理，利用物质分子对紫外可见光谱区的辐射吸收来进行分析的一种分析仪器。它可根据吸收光谱上的某些特征波长处的吸光度高低进行定量分析（遵循朗伯比尔定律），也可根据吸收光谱来进行定性分析。在生物领域常用于检测核酸、蛋白质含量和菌密度。

016

任务 2　紫外分光光度计定量检测目的 DNA

实施步骤	实施方法	知识充电站
3.自检调零	① 确认仪器连接正常，开机自检正常； ② 进行测量波长选择，本次测量的样品为大肠杆菌菌液，选用固定波长600nm进行检测，如图1-2-3； 图1-2-3　选择 固定波长600nm ③ 准备一套干净的石英比色皿，用LB液体培养基润洗3次以上，擦拭纸轻拭表面，保证光路清晰； ④ 用移液枪在润洗过的两个比色皿中加入适量LB液体培养基作为参比液，分别置于参比室和样品室（如图1-2-4），盖上盖子； 图1-2-4　参比室与样品室 ⑤ 点击软件的 调零，进行空白调零（图1-2-5）； 图1-2-5　调零 ⑥ 调零结束后选择文件保存路径，对文件名称命名，以备审计时对数据完整性进行追踪。 注意：比色皿在拿取时，只能接触两侧毛玻璃面，避免接触光面。溶液盛装时，液面高度到比色皿的2/3处即可。	紫外分光光度计主要由光源、单色器、吸收池、检测器和信号显示系统五个部分组成。光源的功能是提供足够强度的、稳定的连续光谱，常用氘灯作为光源。单色器的作用是将光源发出的复合光分解、并从中分出所需波长的单色光。吸收池又称为比色皿，用于盛放需进行吸光度测量的试液，根据材质可分为玻璃比色皿和石英比色皿，前者用于可见光区的测量，后者用于紫外光区的测量。检测器的作用是利用光电效应，将光信号转换成电信号。信号显示系统的作用是将检测器输出的信号放大，并通过刻度或数字显示测量结果。 OD_{600}是用紫外分光光度计测量某溶液时，波长设定为600nm时测定的光密度值。OD_{600}是追踪液体培养基中微生物密度的标准指标，通过菌液在600nm处的吸光值来计算细菌培养液的浓度，从而估计细菌的生长情况，所以通常用来指菌体细胞密度。 比色皿的材料通常来源于石英、熔凝硅石和光学玻璃。玻璃比色皿对紫外线几乎全部吸收，吸光度非常大；而石英比色皿的吸光度则小得多，可用于低于350nm的光谱（紫外）区检测。因此，要根据使用波长选择比色皿，可见光区检测多用玻璃比色皿，紫外区检测只能用石英比色皿。 比色皿选择：常用10mm光程（即比色皿厚度为10mm），根据容积可分为标准（3.5～5mL）、半微量（1.4mL）和微量（0.7mL）三种。另外还有全透明外壁和黑壁两类，黑壁可以避免入射光能量的消耗，多用于吸光较弱的溶液，见图1-2-6。 标准透明比色皿　黑壁半微量比色皿　黑壁微量比色皿 图1-2-6　比色皿种类

任务 2　紫外分光光度计定量检测目的 DNA

实施步骤	实施方法	知识充电站
4.检测样品浓度	① 取出样品室中的比色皿，弃去参比液，先用待测溶液润洗2遍，再在比色皿中加入2mL的待测液，点击 测量 进行检测，并在界面中填入样品名称及稀释倍数（图1-2-7）； 图1-2-7　测量 ② 测量完成后，将文件命名为"样品名—稀释倍数"，选择保存路径，保存数据，并记录测量得到的OD_{600}数值（图1-2-8）。 图1-2-8　保存界面	①**参比液**：又称空白溶液。在进行光度测量时，参比液用于调节仪器的零点，消除由于吸收池壁及溶剂对入射光的反射和吸收带来的误差，扣除干扰的影响。参比液当中不能含有待测物质，测量时可将纯水、溶液溶剂等作为参比液。 ②使用紫外分光光度计进行光度测量时，要测量的样品必须是均一的溶液，不能有沉淀，以确保透光的一致性，这样得到的测量值才具有代表性。
5.检测结果分析	本任务在制备待测液时，大肠杆菌菌液稀释倍数为5倍，测得的OD_{600}值为0.601，根据公式： 测量值×稀释倍数＝菌液OD值 带入数值计算得到菌液OD_{600}值为3.005，说明待测菌液处于对数生长期。	利用紫外分光光度计对菌液浓度进行测量之前，应当根据菌液浑浊度，选择合适的稀释倍数（常用稀释倍数为5倍），使待测液的测量值在0.6～0.8范围内。在这个范围内，所得到的光密度值与细菌浓度成正比。如果第一次稀释测量得到的值大于0.8，应再次稀释，使得最终测量值在0.6～0.8之间。根据测量值和稀释倍数，可以计算得出菌液的OD_{600}值。菌液OD_{600}值在3左右时说明细菌生长处于繁殖旺盛的对数生长期，可进行传代等研究；大于3表明细菌生长达到饱和，处于稳定生长期；小于3说明细胞仍未达到对数生长期，可继续培养。
6.仪器清洁	① 检测完毕后，取出比色皿，用去离子水清洁多次，倒置放置在吸水纸上，晾干水分，放回原位； ② 填写使用记录，关闭仪器。	**紫外分光光度计的使用与维护**：①使用时应尽量减少开关次数，刚关闭的光源灯不要立即重新开启，以延长光源使用寿命；②比色皿盛装生物样品、胶体或其他在比色皿内壁上易形成薄膜的物质时，使用完毕要用适当的溶剂洗涤；③仪器应当安装在稳定的工作台上，室内相对湿度控制在85%，避免仪器受潮损坏。

任务 2　紫外分光光度计定量检测目的 DNA

使用微量分光光度计检测质粒DNA的浓度和纯度

实施步骤	实施方法	知识充电站
1. 样品准备	吸取200μL质粒DNA溶液转入一个新的PCR管内，作为待测液备用。	质粒是基因克隆中最常见的载体分子，由于其本身可以携带外源目的基因，可用于基因治疗药物的开发，同时也是CAR-T、mRNA等细胞与基因治疗药物的基本原料。 高质量的质粒DNA是细胞和基因治疗生产中的关键组成部分。为了能够满足科学研究和生产的需要，一般要求提取出的质粒DNA浓度在1000ng/μL以上，A_{260}/A_{280}在1.8左右、A_{260}/A_{230}在2.0～2.2之间。
2. 仪器开机	① 检查设备和工作场所是否清洁，设备状态是否正常并与实际相符； ② 打开NanoDrop 1000的电源开关，按下面板上的 Power 键，待指示灯常亮，设备开始正常运行； ③ 电脑开机登录账户，打开桌面ND 1000软件并登录账户； ④ 根据样品种类（本次检测质粒DNA），在下图选择程序Nucleic Acid，如图1-2-9。 图1-2-9　程序选择界面	NanoDrop（超微量分光光度计）是实验室中常见的分光光度计，与传统需要比色皿的分光光度计相比，NanoDrop所需样品体积小，只需要2μL，且能快速对样本进行精确测量。NanoDrop可进行核酸（DNA、RNA）、蛋白的含量测定，不仅可以检测核酸浓度，还通过A_{260}/A_{280}和A_{260}/A_{230}，为核酸纯度判断提供依据。NanoDrop可检测的核酸浓度范围在2ng/μL ～ 15μg/μL之间。
3. 仪器自检与调零	① 打开样品臂，吸取2μL去离子水，放在检测基座表面，如图1-2-10； 图1-2-10　加样操作	NanoDrop检测原理：利用液体的表面张力，通过样品臂上和检测基座上的两根光纤把样本分成细小的液柱，从上光纤传出的光束直接通过液滴到达下光纤完成测量，如图1-2-11。

任务 2　紫外分光光度计定量检测目的 DNA

实施步骤	实施方法	知识充电站
3. 仪器自检与调零	② 放下样品臂，点击 OK 确认，开始自检； ③ 自检结束后，在界面上选择 DNA-50，如图 1-2-12； 图 1-2-12　选择待测样品类型 ④ 点击 Blank，进行空白样本调零； ⑤ 完成后，可见界面右下角"ng/μL"显示为 0； ⑥ 结束后，打开样品臂，用擦镜纸轻轻吸去基座上的液体。 注意：①气泡会干扰光束，影响测量结果，因此放液时，枪头应尽量紧贴下光纤表面，且移液器多用第一档吸放，避免气泡产生；②擦拭样品台时，为了避免划伤光纤表面，应当用专用的擦镜纸。	图 1-2-11　检测示意图 空白样本调零时，通常默认选择纯水作为空白样本；但如果待测样本溶剂是其他成分比如乙醇，应当选择相应的稀释液作为空白样。 在添加液滴时，如果出现气泡，形成的液柱不均一，光束通过液柱时在气泡处会发生光衍射，影响光谱质量，导致检测结果不准确。
4. 样品检测	① 吸取 2μL 待测溶液，加到检测基座上，轻轻放下样品臂； ② 点击界面上测量，进行检测； ③ 运行结束后，读取右下角浓度数值，如图 1-2-13。 图 1-2-13　样品检测结果界面	样品的准确添加有助于结果测定。一般来说，核酸样品添加 1.5～2μL，蛋白样品 2～2.5μL。样品量过少可能无法形成液柱，导致光线不能够完全通过；样品量过多可能导致液体溢出样品台，造成污染。 在实验中，2.5μL 的移液器相较于 10μL 的移液器具有更高的精确度，用来添加样品可以确保检测的准确性和精密度。

020

实施步骤	实施方法	知识充电站
5.结果分析	**结果：** 由图1-2-13界面可知，本次质粒DNA检测浓度为1361.8ng/μL，A_{260}/A_{280}比值1.87，A_{260}/A_{230}比值2.31。 **分析：** 质粒DNA浓度大于1000ng/μL，A_{260}/A_{280}的比值在1.8左右，A_{260}/A_{230}的比值在2.2左右，说明提取的质粒DNA纯度高，未受到其他杂质污染，可用于后续实验使用。	**OD_{260}/OD_{280}：** 用于评估DNA和RNA的纯度。纯DNA的比值在1.8左右，纯RNA的比值在2.0左右。如果比值偏小，表明有蛋白质、苯酚等污染物存在。 **OD_{260}/OD_{230}：** 用于对核酸样品纯度的评估。纯核酸的比值应当在2.0～2.2之间，如果比值低于1.8，表明样品被糖类、盐类或有机溶剂污染。
6.仪器清洁	①检测完毕，打开样品臂，用擦镜纸轻轻拭去基座上的液滴。如果有多个待测样品，擦拭干净后可继续进行下一样品的检测； ②全部样品检测完成后，可点击界面上 Show Report 调取所有检测数据； ③打开样品臂，加2μL去离子水进行清洁，并重复2次。清洁完成后，关闭样品臂； ④填写使用记录，关闭软件。	**紫外分光光度计与 NanoDrop 的选择：** ①根据**样品量**可以进行仪器的选择，一般NanoDrop需要的样品量仅1～2μL；紫外分光光度计使用的样本至少200μL（使用微量比色皿）。因此在样品量有限的情况下，优先选择NanoDrop。 ②进行蛋白质溶液检测时，通过紫外分光光度计可以对待测溶液进行全波长扫描，检测溶液中除280nm以外的其他杂质吸收峰，在计算浓度时可以修正杂质干扰，让结果更精确。
实验操作演示视频	NanoDrop操作	

任务 2　紫外分光光度计定量检测目的 DNA

思政微课堂 2

我国在世界上首次人工合成酵母丙氨酸转移核糖核酸

【事件】

1981 年 11 月，中国一项代号为"824 工程"（人工合成酵母丙氨酸转移核糖核酸工程）的重大科研项目的成功再次引起世界瞩目。这个项目由中国科学院上海生物化学研究所、中国科学院上海生物细胞学研究所、中国科学院上海有机化学研究所、中国科学院生物物理研究所、北京大学生物系、上海试剂二厂等 10 余个单位 200 多位科技工作者通力协作，在国家的关心支持下，经过 13 年长期艰苦的研究，历经无数次试验，采用化学和酶促相结合的方法，取得了在世界上首次人工合成 76 个核苷酸的整分子酵母丙氨酸 tRNA 的重大成功。这项成果使我国成为世界上首个用人工方法合成具有与天然分子相同化学结构和完整生物活性的核糖核酸的国家。

核酸是生物体内最重要的基础物质，具有决定生物遗传、指导和参与生物体内蛋白质合成的重要功能。对核酸的研究，是当代生命科学的前沿之一。100 多年前，人类在细胞核中发现了核酸。自 20 世纪 50 年代起，科学家们便一直试图用人工方法来合成核酸。我国从 1968 年开始这项生物科学研究，这项研究工作对于揭示核酸在生物体内的作用，进一步了解遗传和其他生命现象，具有重要的理论意义，还带动了核酸类试剂和工具酶的研究，带动了多种核酸类药物，包括抗肿瘤药物、抗病毒药物的研制和应用。

人工合成核糖核酸的成功，是继中国在世界上第一次人工合成牛胰岛素之后，中国科学家取得的又一重要科学成就，是中国科学史的重大事件，在分子生物学领域和探索生命起源的研究上有重大科学意义，标志着中国在人工合成生物大分子的研究方面继续居于世界先进行列。

【启示】

1. 组织力量。科研工作要遵循服务国家的需要，动员和调动各方资源，集中力量办大事。事实证明，只有中国特色社会主义制度，才具备这个领导能力和组织能力，使这项工作具备成功的组织保障。

2. 领导重视。任何工作在开展过程中，都需要从上到下共同发力，所有成员的齐心协力和组织者的强力领导，使这项工作具备成功的资源保障。

3. 团结协作。重大科研项目一定要协作，单打独斗的时代已经过去，要靠集体智慧，靠单位与单位协作、科学家与科学家协作，上百个科研人员为同一个项目而勤奋工作，使这项工作具备成功的机制保障。

【思考】

1. 如何树立和弘扬中华民族自豪和中国特色社会主义制度自信？
2. 谈谈你对"功成不必在我，功成必定有我"的认识。

任务 2　紫外分光光度计定量检测目的 DNA

扩展学习

酶标仪检测蛋白活性

1. 酶标仪

酶标仪即酶联免疫检测仪，是酶联免疫吸附试验的专用仪器。酶联免疫反应是通过偶联在蛋白上的酶催化显色底物进行的，反应结果以颜色显示，因此通过显色的深浅及吸光度值的大小可以判断样本中待测蛋白的浓度。多用于检测蛋白质、抗体或抗原的活性。

其基本工作原理与主要结构和分光光度计基本相同：光源灯发出的光波经过滤光片或单色器变成一束单色光，进入塑料微孔极中的待测标本。该单色光一部分被标本吸收，另一部分则透过标本照射到光电检测器上，光电检测器将这一待测标本不同而强弱不同的光信号转换成相应的电信号，电信号经前置放大、对数放大、模数转换等信号处理后送入微处理器进行数据处理和计算，最后由显示器和打印机显示结果。

随着检测方式的发展，拥有多种检测模式的单体台式酶标仪叫做多功能酶标仪，可检测吸光度（Abs）、荧光强度（FI）、时间分辨荧光（TRF）、荧光偏振（FP）、和化学发光（Lum）。

2. 酶标仪与紫外分光光度计的区别

两者测定原理是相同的，都是使用朗伯比耳定律，测定的都是样本的吸光度。区别主要在以下三点：

① 盛装待测溶液的容器不同：分光光度计用的是比色皿，酶标仪使用的是塑料微孔板（酶标板）。比色皿只能起到盛装溶液的作用，每个比色皿一次只能盛装一种溶液。酶标板常用透明的聚乙烯材料制成，对抗原抗体有较强的吸附作用，因此用它作为固相载体，酶标板通常为48孔或96孔，每个微孔可以盛装不同的溶液。

② 光路的方向不同：分光光度计是水平光路，而酶标仪则是垂直光路。由于酶标板盛样本的塑料微孔板是多排多孔的，光线只能垂直穿过，因此酶标仪的光束都是垂直通过待测溶液和微孔板的，光束既可是从上到下，也可以是从下到上穿过比色液。垂直光的特点是标本吸光度受液体浓缩或稀释的影响小，不足之处是受被测样本液面是否水平、酶标板透光性、孔底是否平整等的影响较大。

③ 光路的长度不同：由于光密度（OD值）与吸光系数、待测组分的浓度以及光路长度成正比关系。分光光度计采用的比色皿的宽度通常是10mm，所以光路长度固定为10mm，因此不同仪器、不同批次测量的数据具有同样的可比性。而酶标仪采用的是垂直光路，所以光路的长度应该是液体液面的高度，所以测得的值受到样品的体积的影响。

3. 酶标仪与紫外分光光度计优缺点比较

分光光度计：

优点：①检测波长范围较宽；②加样量不一致对测量结果没有影响。

缺点：①工作量大，操作繁琐、耗时；②耗试剂；③结果稳定性差，重复性较差，误差较大；④对于微量物质，难以检测到。

酶标仪：

优点：①一次性处理样品量大，省时；②样本、试剂用量少；③操作简单，重复性好，检测速度快、效率高。

缺点：①酶标仪96孔板是塑料制品，在紫外光区有较强的紫外吸收，应尽量避免在300nm以下使用酶标仪进行含量测定；②必须确保微孔板每个孔加样量严格一致，对实验者的操作技能提出了更高的要求。

任务 2　紫外分光光度计定量检测目的 DNA

任务检测

姓名_____　　班级_____　　成绩_____

一、填空题（每空4分，共20分）

1. 紫外分光光度法定量分析通常选择物质的 _____ 处测定吸光度，然后用对照品或百分吸收系数求算出被测物质的含量，多用于制剂的含量测定。

2. _____为光的吸收定律，它是紫外分光光度法定量分析的依据。其表达式为：_____。其中各字母代表含义是_____。

3. 使用紫外分光光度法测定时，除另有规定，所用的空白系指用同体积的_____代替样品溶液。

二、简答题（60分）

1. 紫外分光光度计与NanoDrop的区别在哪里？（10分）

2. NanoDrop进行检测时，为什么可以不使用比色皿？使用时注意事项有哪些？（40分）

3. 紫外分光光度法测定蛋白质的方法有何优点及缺点？（10分）

三、论述题（20分）

对于实验室的精密仪器操作，应当符合并遵循哪些规范和操作要求？

参考答案

任务 2　紫外分光光度计定量检测目的 DNA

工作任务单

任务名称						
姓名		班级		日期		
检测样品	样品1：核酸/蛋白			样品2：菌液		

紫外分光光度计/NanoDrop使用步骤	仪器状态（□正常　□待清洁　□未检） □仪器校准、调零 样品点样体积：_____ □检测基座清洁 □仪器关机 □使用记录单填写	仪器状态（□正常　□待清洁　□未检） □仪器校准、调零 样品添加体积：_____ □比色皿清洁 □仪器关机 □使用记录单填写

样品1检测结果

序号	浓度/(ng/μL)	OD_{260}/OD_{280}	OD_{260}/OD_{230}
1			
2			
3			
4			
5			
6			

样品2检测结果

样品稀释倍数是_____，测量值为_____。

计算该细菌/细胞培养液 OD_{600} 值为_____，□已达到　□未达到对数生长期。

计算过程如下：

如未达到对数生长期，原因分析：

任务 2　紫外分光光度计定量检测目的 DNA

教师考核			
考核内容	考核指标	配分	得分
NanoDrop 使用（35%）	NanoDrop 使用熟练程度	15	
	点样操作规范性	20	
紫外分光光度计使用（35%）	紫外分光光度计使用熟练程度	15	
	比色皿使用规范性	20	
检测结果（30%）	紫外分光光度计测量范围在 0.6 ～ 0.8 范围	15	
	菌液生长情况判断正确	15	
总体评价			
考核人签字		总分	

任务3　大肠杆菌培养基的制备

任务描述			
教学方法	任务驱动	教学模式	理实一体
建议学时	4	教学地点	理实一体化教室

任务要求	牛肉膏蛋白胨琼脂培养基是细菌培养的一种常用的天然培养基，其中的牛肉膏为微生物提供碳源、磷酸盐和维生素，蛋白胨主要提供氮源和维生素，NaCl提供无机盐。本任务配制500mL牛肉膏蛋白胨琼脂培养基，其中250mL作为液体培养基，另外250mL作为固体培养基分装于15个8.5cm直径的平板培养皿中，用于后续大肠杆菌的分离培养。	细胞培养的条件与过程

	知识和技能目标	思政和职业素养目标
学习目标	1. 明确培养基配制原则，掌握培养基制备方法，了解灭菌原理； 2. 能够正确进行无菌操作；能够根据实验要求准确的完成试剂用量的计算、称量和溶解；能够正确使用高压灭菌锅进行灭菌，并在无菌条件下进行分装。	1. 通过提前查阅资料，了解培养基配制的一般流程，完成方案设计，进而通过组内成员的分工协作完成实验，培养团队协作能力； 2. 以安全事故案例警示大家安全工作重于泰山，树立安全意识、纪律意识。

任务准备	
设备、耗材和试剂	1. 设备：电子天平、恒温水浴锅、高压灭菌器、恒温培养箱、纯水机、pH计、500mL容量瓶、超净工作台、1mL/200μL微量移液器。 2. 耗材：移液器吸头、平板培养皿、三角瓶、量筒、烧杯、玻棒、封口膜、绳子、酒精灯。 3. 试剂：蛋白胨、牛肉膏、NaCl、1mol/L NaOH、琼脂粉、100mg/mL的AMP、ddH$_2$O等。

技术路线

确定培养基配方并计算用量 → 在制备间称量、溶解、调节pH → 灭菌、分装及无菌检查 → 培养基的保存

任务3　大肠杆菌培养基的制备

任务实施

实施步骤	实施方法	知识充电站
1. 确定培养基配方并计算用量	① 大肠杆菌培养用牛肉膏蛋白胨琼脂培养基配方，如表1-3-1； 表1-3-1　牛肉膏蛋白胨琼脂培养基配方 ② 本次任务要求配制500mL培养基溶液，根据试剂用量计算，应当使用牛肉膏1.5g、蛋白胨5g、氯化钠2.5g、加ddH$_2$O定容到500mL。另称量4g左右的琼脂粉备用。	微生物培养基应含有碳源、氮源、能源、无机盐、生长因子和水等。**水**是微生物细胞最主要的组成成分，也是其赖以生存的主要环境。培养基用水必须经过纯化，品质应符合《中国药典》注射用水标准或超纯水标准；**氮源**以氨基酸为主，可参与细胞中蛋白合成等重要的生理过程；碳水化合物作为**能源和碳源**，维持细胞生命和支持细胞生长；维生素属于**生长因子**，是维持细胞生长的生物活性物质，调节及控制细胞代谢；**无机盐**可以维持细胞培养液渗透压平衡，参与细胞代谢活动，调节细胞膜功能。
2. 在溶液配制间称量、溶解	① 用量筒量取400mL蒸馏水，加入500mL的烧杯中备用； ② 依次称取牛肉膏、蛋白胨、NaCl，放入烧杯中搅拌溶解； ③ 牛肉膏需用玻棒挑取，放在小烧杯中称量，加适量水放入65℃水浴锅，边搅拌边加热，溶化后倒入大烧杯，小烧杯用蒸馏水少量多次冲洗，以保证牛肉膏完全倒入大烧杯； ④ 蛋白胨极易吸潮，称取时动作要迅速，试剂瓶使用完毕应立即盖上瓶盖。	**分析天平**：是定量分析操作中最主要最常用的仪器，根据电磁力平衡原理直接称量物体质量。电子天平开机前首先要调平、再接通电源预热，最后进行称量。常用的称量方法有直接称量法、增量法、减量法。 **天平使用注意事项**：称量前要检查天平是否放置水平、是否已预热完毕；开关门放取称量物时，动作应轻缓；称量物应室温状态再放置在天平上；称量物总质量不能超过天平称量范围；称量时必须使用称量纸、小烧杯等盛装称量物，避免沾染腐蚀天平；读数时要关好玻璃门，保持周围环境稳定。 **称量注意事项**：药品称量时，应严防药品混杂，一把药匙仅用于一种药品，或称取一种药品后，洗净擦干，再称取另一药品；试剂瓶的瓶盖注意核对，不要盖错。
3. 调节pH、定容	① 成分加入完全且溶解后，待溶液冷却至室温，倒入500mL容量瓶，用量筒补加剩余蒸馏水定容至500mL； ② 定容后，将溶液重新倒入大烧杯，用pH计或测量范围在6.0～8.0的精密试纸测量培养基溶液的初始pH值，如果偏酸，用滴管加入少量1mol/L的NaOH，如果偏碱则加入少量1mol/L的HCl进行调节，边加边搅拌，并随时用pH计测其pH值，直至pH值在适宜范围内（7.4～7.6）；	**pH的作用**：大多数细菌生长的适宜酸碱度为pH7.2～7.6，在此范围下，细菌的酶活性强，生长旺盛。 **pH的测量**：细菌培养基的pH值通常需要使用pH计或者精密试纸来测量。 **pH的调节**：配制过程中，温度变化会引起培养基pH变化。每次灭菌会导致pH下降0.2左右，因此培养基的pH值在调节时必须考虑到以上情况。另外，pH值不可反复调试，否则会影响培养基的渗透压。

表1-3-1　牛肉膏蛋白胨琼脂培养基配方

液体培养基	
牛肉膏	3g/L
蛋白胨	10g/L
NaCl	5g/L
ddH$_2$O	1000mL
pH	7.4～7.6
AMP	0.1g/L
琼脂粉（固体培养基专用）	15～20g/L

028

实施步骤	实施方法	知识充电站
3.调节 pH、定容	③ 配制特殊培养基时，渗透压的大小有要求，需要使用渗透压仪检测培养基溶液的渗透压大小。大肠杆菌培养基不需要测量，在此略过此步。	
4.灭菌、分装	① 将配制好的500mL培养基溶液平均分装入两个500mL的三角瓶中，其中一个作为液体培养基制备，直接用封口膜封口避免污染；另一个用于固体培养基制备，加入已称量好的琼脂粉4g，混匀后用封口膜封口； ② 将上述两瓶培养基溶液放入高压灭菌锅中，在121℃条件下，灭菌30min； ③ 灭菌后，待溶液冷却到50℃左右，两个三角瓶各加入250μL浓度为100mg/mL的AMP，溶解摇匀； ④ 液体培养基不用分装； ⑤ 固体培养基在加入AMP之后、凝固之前分装到平板中：将已灭菌的三角瓶和培养皿放在超净工作台上，点燃酒精灯，右手托起三角瓶瓶底，取下封口膜，将瓶口在酒精灯上稍加灼烧，左手打开培养皿盖，右手迅速将培养基倒入培养皿中，液体厚度不超过培养皿高度的1/3； ⑥ 铺放培养基后放置15min左右，待培养基凝固后，将所有培养皿倒置摆放。	**培养基灭菌**：常用压力蒸汽灭菌和膜过滤除菌。**压力蒸汽灭菌**对生物材料有良好的穿透力，能使蛋白质变性凝固导致微生物死亡。可用于热稳定性好的培养基溶液如平衡盐溶液灭菌。培养基的压力蒸汽灭菌只能进行一次。**膜过滤除菌**采用0.1～0.2μm孔径的滤膜对溶液进行过滤，达到去除杂质和细菌的目的，此法对细胞培养基的营养成分破坏性较小。 **氨苄西林（Ampicillin，AMP）**：是一种半合成的广谱青霉素，通过阻止细菌的细胞壁合成，起到抑制或杀灭细菌的作用。大肠杆菌、伤寒与副伤寒杆菌、流感杆菌等对AMP敏感。加入到培养基后，可以筛选出含有AMP抗性基因的菌株，抑制杂菌和阴性克隆的生长。
5.无菌检查	将灭菌分装的第一个和最后一个培养皿放入37℃恒温培养箱中培养24h后观察，以未灭菌的培养基为对照，若液体培养基依然澄清、固体培养基没有菌落，判断本批次培养基是无菌的，可以后续使用。	**无菌检查的目的**：①表明物体已经过灭菌程序；② 确保无菌。 **无菌检查的方法**：①使用灭菌显示胶带或标签。标识只能表明物品经历了灭菌过程，但不能证明它是无菌的，用于区分待灭菌物品与已灭菌物品；②恒温培养箱培养。对培养基的无菌检查是通过将灭菌后分装的培养皿放入培养箱中24h，观察是否有杂菌生长。通常选取分装的第一个和最后一个培养皿，以证明灭菌结果正确、分装操作过程无菌。
6.培养基的保存	① 将冷却凝固后的固体平板培养基倒置，摆放在4℃冰箱内，避光保存，尽量在一周之内使用完毕。 ② 液体培养基同样可放置在4℃条件下避光保存，一周内使用完毕。	培养基保存于4℃冰箱时，培养基内的CO_2会逐渐溢出，时间过长会造成培养基pH偏碱性，影响细胞生长。可通入无菌过滤的CO_2来调整pH值。 液体培养基不能放在-20℃保存，因为在-20℃，培养基中的盐容易析出，解冻后有些盐无法重新溶解，造成培养基渗透压降低，细胞在生长过程容易破裂而死亡。

任务3　大肠杆菌培养基的制备

 思政微课堂3

安全工作重于泰山

【事件】

近年来，有实验室发生安全事故，造成人员及财产损失。

1. 2015年4月，某大学化工学院一实验室发生压力气瓶爆炸事故。事故当天上午，有四位同学先后完成与某单位合作科研项目和毕业设计相关实验，当一位同学与合作单位一员工进入实验室进行纳米催化剂元件灵敏度测试试验时，甲烷混合气体储气钢瓶爆炸。事故造成一名研究生死亡，一名员工重伤截肢，三名研究生轻伤。

2. 2016年12月，某大学化学系实验室发生一起爆炸事故，事故造成一名正在做实验的人员当场死亡。爆炸的是一个氢气钢瓶，爆炸点距离被炸人员的操作台两三米，钢瓶为底部爆炸。钢瓶原长度大概1m，爆炸后只剩上半部大概40cm。

3. 2007年8月初，英国某地的一家农场发现口蹄疫疫情，经过官方调查溯源后，发现病毒变异体可能来自疫点附近的两个实验室，这两个实验室共用的排污管道有破裂现象，可能含有口蹄疫病毒的污水泄漏，污染了周围土壤，其后经过的车辆带到外面的农场，最终导致疫情暴发。

4. 2014年，美国疾病预防与控制中心一个生物安全防护级别为3级的实验室由于没有遵守已有的安全措施，未能妥善灭活炭疽杆菌样本，导致该中心75名员工存在接触高致死炭疽杆菌的风险。

【启示】

1. 实验室安全事故和感染大多可能由实验室安全管理不善、执行规章制度不严、技术人员违规操作、安全防范措施不力导致，因此在建立实验室安全规章制度之后，还应严格执行，落实各级安全责任，加强实验室的安全监督管理。

2. 学校在教授学生专业知识技能以外，还应对学生进行全面、实用的实验室安全教育培训，提高学生的安全意识，这需要专任教师、实验员、教务处、保卫部门和后勤部门等的协同努力。

3. 高校在培养学生实践能力和科研能力的同时，要切实保障师生的人身健康和安全，才能真正地创建平安、美好校园。

【思考】

1. 联系实际谈谈如何树立"生命重于泰山"的安全理念和意识。
2. 谈谈为何要遵守实验室安全规程和实验操作规程。

任务 3　大肠杆菌培养基的制备

扩展学习

培养基的分类及常用培养基

1.细菌培养基的种类

（1）根据所培养的微生物种类　分为细菌、放线菌、酵母菌和霉菌培养基。细菌培养基根据细菌的营养方式，又可分为异养型细菌培养基如牛肉膏蛋白胨培养基，自养型细菌培养基如高氏一号合成培养基，酵母菌培养常用麦芽汁培养基，霉菌培养常用察氏合成培养基。

（2）根据培养基成分　大致可分为天然培养基、合成培养基与半合成培养基。天然培养基是指来自动物体液或利用组织分离提取的一类培养基，如牛肉膏蛋白胨培养基、LB培养基等。其优点是营养成分丰富，培养效果良好，但缺点是成分复杂，来源受限且制作过程复杂、批间差异大。这类培养基只适用于一般实验室中的菌种培养、发酵工业中生产菌种的培养等。合成培养基是按微生物营养要求精确设计后用多种高纯化学试剂配制的培养基，例如高氏一号培养基、察氏培养基等。其优点在于成分精确、重现性高；缺点是价格较贵，配制麻烦，且微生物生长一般。仅适用于营养、代谢、生理、生化、遗传、育种、菌种鉴定或生物测定等对定量要求较高的研究工作。半合成培养基是指一类主要以化学试剂配制为主、还加有某种或某些天然成分的培养基，例如培养真菌的马铃薯蔗糖培养基等。特点主要是配置方便，成本低，微生物生长良好。发酵生产和实验室中应用的大多属于半合成培养基。

（3）根据培养基的物理状态　可分为液体培养基、固体培养基、半固体培养基和脱水培养基。液体培养基多用于发酵生产，可以获取大量菌体，实验室中主要用于微生物的生理及代谢研究；固体培养基可通过添加1.5%～2%的琼脂或5%～12%的明胶，再冷却凝固获得。适用于菌种分离与鉴定、菌落计数、检测杂菌、育种、菌种保藏、抗生素等生物活性物质的效价测定及获取真菌孢子等方面的研究使用；半固体培养基是在液体培养基中加入少量凝固剂如0.2%～0.5%的琼脂。呈半固体状态的培养基，用途较为特殊，可通过穿刺培养观察细菌的运动能力，进行厌氧菌的培养及菌种保藏等；脱水培养基又称预制干燥培养基，指含有除水以外一切成分的商品培养基，使用时只要加入适量水并灭菌即可，具有成分精确、使用方便的优点。

（4）根据培养基的功能　可分为基础培养基、加富培养基、鉴别培养基和选择培养基。基础培养基是含有一般微生物生长繁殖所需的基本营养物质的培养基，如牛肉膏蛋白胨培养基。加富培养基又称营养培养基，在基础培养基中加入一些特殊营养物质制成，包括血液、血清、酵母浸膏、动植物组织液等。一般用于培养营养要求比较苛刻的异养型微生物，如培养百日咳博得氏菌需要含有血液的加富培养基；也可用于分离和富集某种微生物，通过增加微生物的数量，形成生长优势，从而分离出该种微生物。鉴别培养基适用于鉴别不同类型微生物的培养基，通过加入某种特殊化学物质，让微生物在培养基中生长后产生的代谢产物与其发生特定的化学反应，产生明显的特征性变化，如颜色变化，从而将该种微生物与其他微生物相区分。例如在伊红美蓝培养基中生长的大肠杆菌会呈现金属光泽的菌落。主要用于微生物的快速分类鉴定以及分离筛选。选择培养基是根据某种微生物的特殊营养要求或其对某些理化因素的抗性而设计的培养基，可使混合菌样中的劣势菌变成优势菌，广泛用于菌种筛选的领域。例如利用以纤维素或石蜡油为唯一碳源的选择培养基，可以从混杂的微生物群体中分离出能分解纤维素或石蜡油的微生物；在培养基中加入染料亮绿或结晶紫，可以抑制革兰氏阳性菌的生长，从而达到分离革兰氏阴性菌的目的。

任务3　大肠杆菌培养基的制备

2. 常用培养基

（1）细菌培养常用培养基　以下所列配方为配制1L液体培养基所需成分用量。若配固体培养基，则应另加1.5% ～ 2%琼脂。

牛肉膏蛋白胨培养基：是一种应用广泛的细菌基础培养基。配方为牛肉膏3g，蛋白胨10g，NaCl 5g，水1000mL，pH7.4 ～ 7.6，121℃湿热灭菌20min。

高氏1号培养基：用于分离和培养放线菌的合成培养基。配方为可溶性淀粉20g，KNO_3 1g，NaCl 0.5g，$K_2HPO_4 \cdot 3H_2O$ 0.5g，$MgSO_4 \cdot 7H_2O$ 0.5g，$FeSO_4 \cdot 7H_2O$ 0.01g，水1000mL，pH7.4 ～ 7.6，121℃湿热灭菌20min。

察氏合成培养基：用于分离和培养霉菌的培养基。配方为蔗糖30g，$NaNO_3$ 3g，KCl 0.5g，K_2HPO_4 1g，水1000mL，pH7.0 ～ 7.2。121℃湿热灭菌20min。

中性红培养基：用于厌氧菌的培养。配方为葡萄糖40g，胰蛋白胨6g，酵母膏2g，牛肉膏2g，醋酸铵3g，KH_2PO_4 5g，中性红0.2g，$MgSO_4 \cdot 7H_2O$ 0.2g，$FeSO_4 \cdot 7H_2O$ 0.01g，水1000mL，pH6.2，121℃湿热灭菌30min。

乳酸菌培养基：用于乳酸发酵实验。配方为牛肉膏5g，酵母膏5g，蛋白胨10g，葡萄糖10g，乳糖5g，NaCl 5g，水1000mL，pH6.8，121℃湿热灭菌20min。

LB（Luria-Bertani）培养基：在分子生物学中用于细菌培养。配方为胰蛋白胨10g，NaCl 10g，酵母提取物5g，pH 7.0，再定容到1L，121℃湿热灭菌30min。

（2）动物细胞培养常用培养基

最低必需培养基（MEM）：它仅含有12种必需氨基酸、谷氨酰胺和8种维生素。成分简单，可广泛适用于各种已建成细胞系和不同地方的哺乳动物细胞类型的培养。

DMEM：为改进版的MEM配方，浓度高出MEM 2～4倍，可用于许多哺乳动物细胞培养。具有较高葡萄糖浓度（4500mg/L）的高糖标准型更适合高密度悬浮细胞培养，适用于附着性较差、但又不希望它脱离原来生长点的克隆培养，也可用于杂交瘤中骨髓瘤细胞和DNA转染的转化细胞的培养；含有低浓度葡萄糖（1000mg/L）的低糖标准型适于依赖性贴壁细胞培养，特别适用于生长速度快、附着性较差的肿瘤细胞培养。

RPMI-1640培养基：在维持无机盐浓度的前提下提高了氨基酸维生素等成分的浓度，比DMEM减少了葡萄糖和谷胱甘肽的含量，常用于淋巴细胞如K-562、HL-60、Jurkat、Daudi、IM-9等成淋巴细胞、T细胞淋巴瘤细胞以及HCT-15上皮细胞等的悬浮培养。

DMEM/F12培养基：由F12培养基和DMEM培养基1∶1组成。结合F12含有较丰富的微量元素和DMEM含有较高浓度的营养成分的优点，作为开发无血清配方的基础。该培养基适用于血清含量较低条件下哺乳动物细胞培养。

IMDM培养基：是一种改良培养基，用于培养红细胞和巨噬细胞前体。此种培养液含有硒、额外的氨基酸和维生素、丙酮酸钠和HEPES，并用硝酸钾取代了硝酸铁。IMDM还能够促进小鼠B淋巴细胞、LPS刺激的B细胞、骨髓造血细胞，T细胞和淋巴瘤细胞的生长。IMDM为营养非常丰富的培养液，因此可以用于高密度细胞的快速增殖培养。

M-199培养基：是一种具有确定化学成分的细胞培养基，主要用于鸡胚成纤维细胞培养。此培养液必须辅以血清才能支持长期培养。M-199可用于培养多种种属来源的细胞，并能培养转染的细胞。

任务3　大肠杆菌培养基的制备

工作任务单

任务名称						
姓名		班级		日期		

流程信息（液体培养基）

工序名称	主要参数			备注
1.计算、称量	物料名称	应加质量/g	实际称量/g	
2.溶解	加入_____mL超纯水溶解，用细菌封口膜封口，橡皮筋扎紧（每1L锥形瓶中分装400mL溶液）			
3.灭菌	121℃，20min			开始时间： 结束时间：
4.冷却、储存	待培养基温度降至室温，置于4℃冰箱保存			

流程信息（固体培养基）

工序名称	主要参数			备注
1.计算、称量	物料名称	理论重量/g	实际称量/g	

任务3 大肠杆菌培养基的制备

2.溶解	加入_____mL超纯水溶解，用滤膜封口，橡皮筋扎紧	
3.灭菌	121℃，20min	开始时间： 结束时间：
4.倒板	冷却至40～50℃左右，加入抗生素（Kan$^+$终浓度为50μg/mL，Amp$^+$终浓度为100μg/mL），混匀后按照15mL/皿进行倒板	抗生素批号： 固体培养板个数：
5.冷却、保存	待固体培养板完全凝固，用封口膜将培养板封口，置于4℃冰箱倒置保存	
备注	① 不同培养基配置，选择相应原材料并记录批号、实际称量值。 ② 标准用量均是按照1L标准用量计量，实际称量请注明配置需求翔实记录称量值。 ③ 培养基标注为：配制日期＋当天批次＋实验人代号。	

无菌检查结果

将分装得到的第一个和最后一个固体培养皿放于37℃培养箱中培养24h，观察可得：_____。

无菌检查结果图：

教师考核

考核内容	考核指标	配分	得分
配制过程 （80%）	计算准确性	10	
	电子天平操作规范性	10	
	pH计使用规范性	10	
	容量瓶使用规范性	10	
	配制结果准确性	20	
	无菌操作规范性和熟练度	20	
无菌检查结果 （20%）	培养皿或三角瓶内是否长菌	20	
总体评价			
考核人签字		总分	

任务 3　大肠杆菌培养基的制备

任务检测

姓名_____　　班级_____　　成绩_____

一、选择题（每题3分，共30分）

1. 琼脂在培养基中的作用是（　　　）。

　　A. 碳源　　　　　　　　B. 氮源　　　　　　　　C. 凝固剂　　　　　　D. 生长调节剂

2. 实验室常用的培养细菌的培养基是（　　　）。

　　A. 牛肉膏蛋白胨培养基　　　　　　　　B. 高氏一号培养基

　　C. 察氏合成培养基　　　　　　　　　　D. 乳酸菌培养基

3. 下列物质属于生长因子的是（　　　）。

　　A. 葡萄糖　　　　　　　B. 蛋白胨　　　　　　　C. NaCl　　　　　　　D. 维生素

4. 常用消毒酒精的浓度是（　　　）。

　　A. 30%　　　　　　　　B. 75%　　　　　　　　C. 95%　　　　　　　　D. 100%

5. 制备牛肉膏蛋白胨固体培养基的步骤是（　　　）。

　　A. 计算、称量、倒平板、溶化、灭菌　　　B. 计算、称量、溶化、倒平板、灭菌

　　C. 计算、称量、溶化、灭菌、倒平板　　　D. 计算、称量、灭菌、溶化、倒平板

6. 有关倒平板的操作错误的是（　　　）。

　　A. 将灭过菌的培养皿放在火焰旁的桌面上

　　B. 让打开的锥形瓶瓶口迅速通过火焰

　　C. 将培养皿打开，培养皿盖子倒放在桌子上

　　D. 等待平板冷却凝固后再倒过来放置

7. 细菌生长繁殖需要营养物质，其中葡萄糖、淀粉、甘露醇属于（　　　）。

　　A. 碳源　　　　　　　　B. 氮源　　　　　　　　C. 无机盐　　　　　　D. 维生素

8. 将配置好的培养基进行灭菌，应使用（　　　）。

　　A. 灼烧灭菌　　　　　　B. 高压蒸汽灭菌　　　　C. 干热灭菌　　　　　D. 煮沸灭菌

9. 占微生物细胞总物质量70%～90%以上的细胞组分是（　　　）。

　　A. 碳素物质　　　　　　B. 氮素物质　　　　　　C. 水　　　　　　　　D. 无机盐

10. 称取"0.1g"系指称取量可为（　　　）。

　　A. 0.03~0.07g　　　　　B. 0.04~0.16g　　　　　C. 0.05~0.15g　　　　D. 0.06~0.14g

任务 3 大肠杆菌培养基的制备

二、填空题（每空2分，共28分）

1. 微生物的营养物质按其在机体中的生理作用分为_____、_____、_____、_____、_____、_____等六大类。

2. 培养基按照其成分可划分为_____、_____、_____。

3. 培养基按照其功能可分为基础培养基、_____、_____、_____。

4. 电子天平虽然是基于_____原理，但其设计依据依然是_____原理。

三、简答题（29分）

1. 简述培养基配制过程。（12分）

2. 使用天平进行物体称量时，数值出现波动的原因有哪些？（10分）

3. 简述高压蒸汽灭菌器的工作原理。（7分）

四、论述题（13分）

你如何理解"安全无小事，平安靠大家"这句话？作为一名实验室技术员，应该从哪些方面去保障实验室的安全操作？

参考答案

任务4　大肠杆菌的分离与培养

任务描述

教学方法	任务驱动	教学模式	理实一体
建议学时	4	教学地点	理实一体化教室

任务要求	在普通牛肉膏蛋白胨培养基和含有AMP的牛肉膏蛋白胨培养基上接种大肠杆菌，观察其生长情况和菌落形态。	大肠杆菌的分离与菌落观察方法

学习目标	知识和技能目标	素养和思政目标
	1. 掌握大肠杆菌的培养条件，认识大肠杆菌的菌落形态； 2. 掌握接种和无菌操作的概念； 3. 学会进出无菌室的标准流程； 4. 能够熟练应用平板划线法进行细菌接种。	1. 通过在超净工作台进行大肠杆菌接种的操作，体会无菌操作的重要性，建立起无菌的观念；提高实验室生物安全防护的意识。 2. 以中国世界上第一个人工全合成结晶牛胰岛素为例，培养严谨求实、不畏艰难、无私奉献的精神。

任务准备

设备、耗材和试剂	1. 设备：恒温培养箱、恒温振荡培养箱、超净工作台、酒精灯、接种环、接种棒。 2. 耗材：已配好并灭菌的牛肉膏蛋白胨液体和固体培养基、含有AMP的牛肉膏蛋白胨固体平板。

技术路线

接种前准备 ⟶ 大肠杆菌接种 ⟶ 接种后培养

菌种保存 ⟵ 观察培养结果 ⟵

037

任务4　大肠杆菌的分离与培养

任务实施		
实施步骤	实施方法	知识充电站
1. 接种前准备	① 接种间定期使用1%～3%高锰酸钾溶液擦洗消毒，消毒超净工作台，接种前4h打开紫外线灯照射杀菌； ② 操作人员洗净双手，在缓冲间换好洁净服，换穿洁净鞋，戴好口罩； ③ 打开超净工作台，用75%酒精清洁工作台面，将本次实验用耗材放入洁净台内； ④ 将玻璃门底边降至底端，打开紫外灯，照射30min以上； ⑤ 关闭紫外灯，将玻璃门底边升降至合适高度处，开启风机，通风10min以上； ⑥ 将酒精灯放于操作区域中心，接种环放在酒精灯右侧，菌种放在酒精灯左侧，去除包装的无菌培养皿置于酒精灯左侧。	**微生物接种**是指将微生物接种到适于它生长繁殖的人工培养基上或活的生物体内的过程。 **无菌操作技术**是指在微生物实验中控制或防止其他微生物的污染及其干扰的一系列操作方法和有关措施，是微生物实验的基本技术，也是保证微生物实验准确和顺利完成的重要环节。其<u>主要目的</u>是①保证实验操作过程中不被环境中微生物污染；②防止微生物在操作中污染环境或感染操作人员。
2. 细菌接种	① 点燃酒精灯，酒精灯火焰周围3～5cm为无菌区，以下操作均应在近火焰处进行； ② 右手持接种环，将接种环的金属丝立于酒精灯外焰，灼烧至红透，然后略倾斜接种环，灼烧金属杆，如图1-4-1； 充分 燃烧层　不充分 燃烧层 **图1-4-1　接种环灭菌** ③ 接种环冷却后，从离心管中蘸取菌液； ④ 取一无菌培养皿，左手托住培养皿底部，食指扶住上盖，微开培养皿，右手用带菌液的接种环在固体培养基上"Z"形来回密集划线，不要重叠也不要划破培养基，如图1-4-2； **图1-4-2　平板划线** ⑤ 每划完一区，都应灼烧接种环，划线时起始应从上一区的划线末端交叉开始。如此划完四个区域，最后灼烧接种环，完成接种； ⑥ 完成划线的培养皿盖好盖子，在皿底用记号笔注明菌名、接种日期、接种人姓名等，倒置放置。	**微生物接种技术——平板划线法**通过接种环在琼脂固体培养基表面连续划线的操作，将聚集的菌种逐步稀释分散，以得到分散的单个菌落。含菌量较多的菌液可在平板上分区划线，含菌量较少的样本可直接连续划线。 　　除此之外还有**斜面接种、穿刺接种、涂布接种、液体接种**等方法，虽然各种技术的操作方法各不相同，但其核心都是要防止杂菌污染，保证培养物的纯度。 **平板划线操作注意事项**　① 操作的第一步灼烧接种环，是为了避免接种环上可能存在的微生物污染到培养物；② 每次划线前均应灼烧接种环，是为了杀死上次划线结束后残留的菌种；③ 第二次及其后的划线都从上次划线末端开始，是由于线条末端细菌数目比起始处要少，接种环上的菌种直接来源于上次划线的末端，可以减少每次划线菌种数目，最终得到单个纯种菌落；④ 每次灼烧接种环后，必须等其冷却后再进行划线，防止接种环温度过高杀死菌种；⑤ 划线结束后仍应灼烧一次接种环，及时杀死接种环上残留的菌种，避免细菌污染环境、感染操作者；⑥ 平板划线所有操作均应在火焰附近进行，保证操作过程无菌。

038

任务 4　大肠杆菌的分离与培养

实施步骤	实施方法	知识充电站
2. 细菌接种	⑦ 接种完毕后，使用过的物品如接种环、接种棒、移液管等应放到消毒桶内进行灭菌；废物桶从超净工作台中取出，放在指定位置，灭菌后等待后续处理；超净工作台内，用75%酒精或0.5%新洁尔灭溶液喷洒擦拭台面，关闭送风机，重新开启紫外灯照射30min后关闭电源。所有操作完毕后回到缓冲间，换下洁净服，放入指定回收桶，口罩取下扔到指定垃圾桶，清洁双手离开。	生物废弃物是生物实验过程中产生的废物，包括生物样品（制品）、培养基、生化试剂、标准溶液以及试剂盒等。处理的原则是所有感染性材料必须在实验室内清除污染，经高压灭菌、消毒或焚烧等方式处理后，再转移到专业公司进行无害化处理，不可作为一般城市生活垃圾处置。
3. 细菌分离培养	将倒置的培养皿放在37℃恒温培养箱中培养24～48h。	接种后的平板倒置培养目的：①拿取方便，避免出现皿底和盖子分离、环境杂菌污染的情况；②防止培养皿盖子上的冷凝水滴回流到培养基上造成污染；③营养物质富集在培养基表面，有利于微生物生长；④可防止菌落扩散，有利于辨别菌落特征和计数。
4. 观察培养结果	观察培养基中大肠杆菌的生长状况，如图1-4-3，并记录结果。 图1-4-3　大肠杆菌平板划线分离培养	结果判断标准： ① 普通培养基上，应无杂菌污染，若菌种不在划线的线上则为杂菌；线和线之间要紧密，但不能连成一片；要有较多的单菌落，至少应有10个以上的单菌落方为合格； ② 大肠杆菌菌落呈圆形略凸起，边缘整齐，表面光滑，半透明； ③ 含有AMP的平板上，由于青霉素会抑制大肠杆菌生长，平板上应没有菌落出现。
5. 菌种保存	① 用接种环取单菌落，划线法接种于斜面培养基上，在37℃的恒温培养箱中培养24h后，用棉塞封好试管口，放入4℃的冰箱中保存； ② 保存时间依微生物的种类而有不同，细菌最好每月移种一次，霉菌、放线菌及有芽孢的细菌可2～4个月移种一次，酵母菌需2个月移种一次。	液体石蜡保存法：在斜面上用灭菌后的液体石蜡封存，直立，置于低温或室温下保存。此法对霉菌、放线菌、芽孢细菌可保存2年以上不死，酵母菌可保存1～2年，一般无芽孢细菌也可保存1年左右。 此外，还可通过载体如磁珠、砂土或滤纸、冷冻、甘油管以及冷冻干燥等方法保存微生物菌种。
实验操作演示视频	大肠杆菌的接种与培养	

039

思政微课堂4

世界上第一个人工全合成结晶牛胰岛素在中国诞生

【事件】

1965年9月17日，世界上第一个人工合成的蛋白质——人工牛胰岛素晶体在中国诞生。这是世界上第一次人工合成与天然胰岛素分子相同的化学结构并具有完整生物活性的蛋白质，开创了人工合成蛋白质的新纪元。

人工合成胰岛素是1958年中国科学院上海生物化学研究所提出的。同年年底该项目被列入1959年国家科研计划，并获得国家机密研究计划代号"601"。项目由中国科学院上海生物化学研究所、中国科学院上海有机化学研究所和北京大学生物系三个单位共同协作联合攻关。历经6年9个月的曲折艰辛，这一西方世界认为"合成胰岛素将是遥远的事情"，被中国一批"敢想敢干"的年轻科技工作者变为现实。

20世纪60年代，中国的生物化学研究底子薄、基础弱，没有蛋白质合成方面的经验，科研条件差，生化研究人才匮乏，仪器设备落后，原料、试剂紧缺，面对重重困难，中国科技工作者以"敢于向难题挑战"的精神，迎难而上。为了摸索合成路线，生化所兵分五路，根据专家特长分别做有机合成、天然胰岛素拆合、肽库及分离分析、酶激活和转肽研究。仅用一年时间，他们就成功拆合天然胰岛素，并且确定了全合成胰岛素的研究策略，即采用先分别合成A、B两个肽链，然后进行组合合成的路线。

在确认合成得到的牛胰岛素与天然牛胰岛素晶体结构一模一样后，经过小白鼠生物惊厥实验，又验证了人工胰岛素的生物活性。在漫长的国际竞争中，中国科学家终于第一个获得了人工胰岛素结晶！

人工牛胰岛素的成功合成，标志着人类在揭示生命本质的征途上实现了里程碑式的飞跃，被誉为"前沿研究的典范"，对中国随后的人工合成酵母丙氨酸转移核糖核酸等生物大分子研究起到积极的推动作用，在生命科学发展史上产生重大影响，极大地增强民族自信。

【启示】

1. 科学严谨的求实精神。在胰岛素全合成近200步反应中，任何一步产物不纯，都会影响到后续合成，只有在每一步进行严格测定，才能保证最终结果的可重复性和可证实性，高质量地完成任务。

2. 敢于挑战的创新精神。在困难的环境条件下，科学家们怀着满腔热情，坚持严谨、敢想敢干的科学探索精神，一步一个脚印，扎扎实实地攀上了蛋白质合成的科学高峰，为后来的科研人员立下旗帜鲜明的标杆。

3. 淡泊名利的奉献精神。在胰岛素合成研究过程中，大家不分主角和配角，配合默契，涌现了一批为服从国家利益而不惜与诺贝尔奖失之交臂的楷模和甘当人梯的无名英雄。这种情怀引领着一大批战略科技人才奋力攻坚，不断提升我国的科技实力。

【思考】

1. 谈谈对"科学成就离不开精神支撑"的感悟。
2. 什么是"科学家精神"？

扩展学习

微生物无菌操作技术

1. 无菌操作的目的

无菌操作技术是指在微生物实验中控制或防止其他微生物的污染及其干扰的一系列操作方法和有关措施。

在对某种特定的已知微生物进行研究或应用时,如果外界的各种微生物混入,则很难得到准确的结果。因此,在具备无菌环境和获得无菌材料后,还要始终保持无菌状态,防止被污染。此外,要有效避免操作者自身被微生物感染,还要防止所研究的微生物,特别是致病微生物或经过基因工程改造了的本来自然界不存在的微生物逃逸到外界环境中去。

2. 无菌操作技术

（1）创造无菌的培养环境　包括提供无菌的操作环境、对培养容器和培养基灭菌等。

无菌室（图1-4-4）是在微生物实验室内,专门为无菌操作开辟出的一个小房间,室外设置更衣间或缓冲间。室内装备的换气设备必须有空气过滤装置。

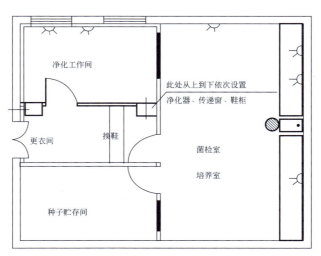

图1-4-4　无菌室区域划分示意图

进入无菌室前,应在缓冲间换好洁净服、洁净帽、洁净鞋,戴好口罩,手部消毒后进入工作间;所有的实验器材和用品应一次性全部放入无菌室,尽量避免在操作过程中传递物品。操作时,应严格按照无菌操作规范进行操作,废弃物丢入指定废物桶内。工作结束后应将台面收拾干净,取出培养皿和废物桶,用消毒液清洁,再打开紫外灯照射15min以上。

任务 4　大肠杆菌的分离与培养

微生物接种操作应在超净工作台或生物安全柜中进行。**超净工作台**是能将工作区已被污染的空气通过专门的过滤通道人为地控制排放，为实验室工作提供无菌操作环境的设施，以保护实验免受外部环境的影响，同时为外部环境提供某些程度的保护以防污染，是一种安全的微生物专用洁净工作台。**生物安全柜**是为操作原代培养物、菌毒株以及诊断性标本等具有感染性的实验材料时，用来保护操作者本人、实验室环境以及实验材料，使其避免暴露于上述操作过程中可能产生的感染性气溶胶和溅出物而设计的。超净工作台只能保护在工作台内操作的试剂等不受污染，并不保护工作人员，而生物安全柜是负压系统，能有效保护工作人员。因此对有较强感染性的病原微生物应在生物安全柜中进行相关操作。

（2）**消毒与灭菌**　包括紫外线杀菌、甲醛熏蒸、超净台的消毒与检测、操作工具、器皿灭菌、操作方法等。**消毒**是对实验操作的空间、操作人员的衣着和手部等用较为温和的理化因素杀死大部分病原微生物、减少微生物污染的过程，例如煮沸法、巴氏消毒法、紫外线或氯气消毒、75%酒精或新洁尔灭溶液进行表面消毒等方法；而对将用于微生物培养的器皿、接种用具和培养基等需要进行**灭菌**，即采用强烈的理化因素杀死物体表面及内部所有微生物繁殖体、霉菌、病毒及芽孢，目的是达到无菌状态。常用的方法有灼烧灭菌、干热灭菌、高压蒸汽灭菌等。

无菌室内应定期进行空气测试及沉降菌计数，监测无菌室微生物生长繁殖动态；每日使用前用紫外线照射；每周用甲醛、乳酸、过氧乙酸熏蒸；每月用新洁尔灭溶液擦拭地面和墙壁一次，进行消毒。

（3）**无菌操作要求**

① 在操作中不应有大幅度或快速的动作；

② 使用玻璃器皿应轻取轻放；

③ 在酒精灯火焰上方操作（生物安全柜中不允许使用酒精灯）；

④ 接种用具在使用前、后都必须灼烧灭菌；

⑤ 在接种培养物时，动作应轻、准；

⑥ 不能用嘴直接吸吹吸管；

⑦ 带有菌液的吸管、玻片等器材应及时置于盛有5%来苏尔溶液的消毒桶内消毒；

⑧ 操作时禁止在培养物上方移动手臂。

042

任务 4 大肠杆菌的分离与培养

工作任务单				
任务名称				
姓名		班级		日期	

大肠杆菌接种记录

接种前准备	☐ 更换洁净服，进入无菌室 ☐ 开启超净工作台 ☐ 将实验耗材消毒后放入超净工作台 ☐ 点燃酒精灯，将菌种放入无菌操作区
大肠杆菌 接种步骤	平板划线图： 标记名称：_____（菌种+接种日期+操作人姓名）
培养结果	培养条件：温度_____，CO_2含量_____，培养时间_____。 培养结果图：

任务 4　大肠杆菌的分离与培养

教师考核			
考核内容	考核指标	配分	得分
接种过程（70%）	无菌操作规范性和熟练度	20	
	超净工作台操作规范性	20	
	平板划线操作规范性	20	
	培养箱操作规范性	10	
培养结果（30%）	是否看到单个菌落	10	
	是否有目的菌菌落	10	
	是否有杂菌污染	10	
总体评价			
考核人签字		总分	

任务检测

姓名_____　　　班级_____　　　成绩_____

一、选择题（每题5分，共40分）

1. 有关平板划线操作正确的是（　　　）。

　　A. 使用已灭菌的接种环、培养皿，过程中不再灭菌

　　B. 打开含有菌种的试管需要通过火焰灭菌，取出菌种后立即塞上棉塞

　　C. 将沾有菌种的接种环迅速伸入平板，划三至五条平行线即可

　　D. 最后将平板倒置，放入恒温箱培养

2. 以下不属于消毒的方法是（　　　）。

　　A. 灼烧　　　　　　　　B. 煮沸　　　　　　　　C. 紫外线照射　　　D. 新洁尔灭擦洗

3. 有关灭菌以下说法错误的是（　　　）。

　　A. 用强烈的理化因素杀死全部微生物

　　B. 用温和的理化因素杀死病原微生物

　　C. 常用方法有灼烧灭菌、干热灭菌等

　　D. 高压蒸汽灭菌可以杀灭培养液中的微生物

4. 平板划线操作中错误的是（　　　）。

　　A. 将接种环放在火焰上灼烧，直至烧红

　　B. 将烧红的接种环在火焰旁边冷却

　　C. 接种环在平板上划线位置是随机的

　　D. 在挑取菌种和接种完毕后均要将试管口通过火焰

5. 大肠杆菌适宜的生长pH值为（　　　）。

　　A. 5.0～6.0　　　　　B. 3.0～4.0　　　　　C. 7.4～7.6　　　　D. 8.0～9.0

6. 平板冷凝后，将其倒置，原因是（　　　）。

　　A. 方便接种时再拿起来　　　　　　　　B. 方便在皿底上标记日期等

　　C. 正着放置容易破碎　　　　　　　　　D. 可以使培养基表面水分更好的挥发

7. 下列属于菌落特征的是（　　　）。

　　①菌落形状　②菌落大小　③菌落多少　④隆起程度　⑤颜色

　　A. ①②③④　　　　　B. ①②④⑤　　　　　C. ②③④⑤　　　　D. ①③④⑤

8. 无菌吸管上端塞入棉花目的是（　　　）。

　　A. 过滤管中的有菌空气　　　　　　　　B. 防止菌液吸入电动移液枪内

　　C. 不小心塞入的　　　　　　　　　　　D. 可以吸收多吸入的菌液

二、简答题（40分）

1. 大肠杆菌操作时，如何才能尽量避免被杂菌污染？（20分）
2. 简述细菌接种平板划线法的操作方法。（20分）

三、论述题（20分）

如何保障无菌室的无菌环境？无菌操作包括哪些方面？

参考答案

项目二
核酸的分离与纯化

项目简介

核酸是由许多核苷酸聚合成的生物大分子化合物，为生命的最基本物质之一，广泛存在于所有动植物细胞、微生物体内。不同的核酸，其化学组成、核苷酸排列顺序等不同。根据化学组成不同，核酸可分为脱氧核糖核酸（DNA）和核糖核酸（RNA）两大类。DNA携带遗传信息，大部分存在于细胞核（或拟核）中，指导蛋白质的合成，在生物体的遗传、变异中具有极其重要的作用。质粒DNA是存在于染色体（或拟核）以外的DNA分子，在细菌、酵母菌和放线菌等生物中广泛存在，不是生物体生长繁殖所必需的物质，但其携带的遗传信息能赋予宿主菌某些生物学性状，有利于细菌在特定的环境条件下生存，细菌质粒是DNA重组技术中常用的载体。RNA只在RNA病毒中作为遗传物质，在其他生物体中与蛋白质合成密切相关。

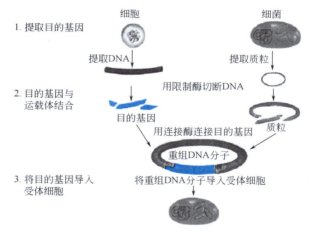

图 2-0-1　基因操作基本步骤

基因操作基本步骤如图2-0-1。核酸的提取是开展基因操作的第一步，核酸提取的质量高低是后续实验（如扩增、连接、克隆、建库测序和生物检测）操作成败的关键。目前已有很多专业化的核酸抽提方法可以从各种生物样品中抽提出DNA、RNA或者总核酸。这些方法大多数已开发成商业化的试剂盒，有的可以与仪器结合实现自动化抽提，从而使抽提过程大为简化。本项目围绕在基因工程药物研发与生产中常用的实验材料和方法，设置了"CTAB法提取植物基因组DNA""磁珠法提取全血基因组DNA""离心柱法提取石蜡组织切片基因组DNA""小量提取大肠杆菌质粒DNA""大量提取大肠杆菌质粒DNA"五个任务，通过五个任务的训练，让学生掌握核酸提取常用方法及原理，熟练基本操作流程，在实验操作过程中，养成严格按SOP进行操作的实验习惯以及对结果实事求是的科学态度。从细节入手，增强自我防护意识和环保意识。

任务1 CTAB法提取植物基因组DNA

任务描述			
教学方法	任务驱动	教学模式	理实一体
建议学时	4	教学地点	理实一体化教室
任务要求	使用CTAB法抽提植物叶片基因组DNA，通过琼脂糖凝胶电泳检测DNA的完整性，并使用NanoDrop测定所提取的DNA的浓度及纯度。		基因组核酸的提取方法

学习目标	知识和技能目标	思政和素养目标
	1. 掌握CTAB法提取DNA的原理和方法，熟悉实验过程中所用的试剂及其用途； 2. 能够根据实验要求规范准确地完成DNA提取的所有步骤； 3. 能够根据检测结果和电泳图谱判断抽提产物的质量，并分析其原因。	1. 实验操作过程中，养成严格按照操作流程进行操作的质量规范意识； 2. 通过学习DNA结构研究史，培养学生不畏艰难、勇于创新的科学精神。

任务准备	
设备、耗材和试剂	1. 设备：电子天平、恒温水浴锅、冰箱、台式高速离心机、NanoDrop 2000、紫外凝胶成像系统、电泳仪电源、水平电泳槽套装、1mL/200μL微量移液器、研钵、研杵。 2. 耗材：移液器吸头、2mL离心管。 3. 试剂：液氮、CTAB提取液、5mol/L乙酸钾、氯仿、异戊醇、无水乙醇、70%乙醇、TE缓冲液。

技术路线

植物材料 → 核酸抽提 → 离心洗涤

液氮研磨 → 去除杂质 → 干燥溶解 → 定性检测及定量分析

细胞裂解 → 无水乙醇沉淀

任务 1　CTAB 法提取植物基因组 DNA

任务实施

实施步骤	实施方法	知识充电站
1.试剂配置	按表2-1-1方法配制实验所需相关试剂。（为提高实验效率，建议提前一天配制完成） **表 2-1-1　CTAB试剂配制** **0.5M EDTA**　**1L配制量**：称取186.1g EDTA-2Na，置于1L烧杯中，加入约800mL的去离子水，充分搅拌，用NaOH调节pH至8.0（约20g NaOH）（注意：pH值至8.0时EDTA才能完全溶解），加去离子水将溶液定容至1L，适量分成小份后，高压灭菌，室温保存 **1M Tris-HCl**　**1L配制量**：称量121.1g Tris置于1L烧杯中，加入约800mL的去离子水，充分搅拌溶解。用浓盐酸调节pH至8.0（约42mL浓盐酸），加去离子水将溶液定容至1L，高温高压灭菌后，室温保存 **CTAB提取液**　**200mL配制量**：称取4g CTAB，16.364g NaCl，量取20mL 1mol/L Tris-HCl（pH 8.0）、8mL 0.5mol/L EDTA（pH 8.0）后。先加入70mL ddH_2O溶解，再定容至200mL灭菌，灭菌后加入2% PVP，4℃保存备用 **氯仿/异戊醇**　**100mL配制量**：24∶1（V/V），先加96mL氯仿，再加4mL异戊醇，摇匀后置于棕色瓶中，4℃保存备用 **TE缓冲液**　**1L配制量**：称取1.211g Tris、0.372g EDTA-2Na，先用800mL蒸馏水加热搅拌溶解，盐酸调pH 8.0，再用蒸馏水定容至1000mL，高压灭菌20min	**CTAB法抽提DNA原理**：CTAB（十六烷基三甲基溴化铵）是一种去污剂，可溶解破坏细胞膜并与核酸形成复合物，该复合物在高离子强度的溶液里可溶，通过离心可将复合物同蛋白质、多糖类物质分开。在酚仿变性的条件下，去除残留的CTAB和蛋白等杂质，然后利用无水乙醇将DNA分子从上清溶液中沉淀出来，最后用TE溶解DNA，并加入RNA酶以去除基因组中的RNA。
2.任务前准备	① 打开水浴锅，将CTAB提取液置于65℃水浴中预热； ② 将无水乙醇置于–20℃冰箱中预冷； ③ 研磨叶片前向提取缓冲液中加入1%（V/V）β-巯基乙醇。	CTAB在低于15℃时会形成沉淀析出，因此在将其加入冰冷的植物材料时必须预热，且离心温度也不得低于15℃；此外，预热能促进CTAB更好的溶解，提高其释放植物组织中DNA的效率，缩短实验时间。 **β-巯基乙醇**：一种抗氧化剂，可有效地防止酚类氧化为醌，避免褐变，使酚容易去除。另外还能消除CTAB在振荡过程中产生的大量气泡。若CTAB提取液准备2～3d内用完，可在配制时直接加入，由于具有一定毒性，浓度不应高于2%。

049

任务 1　CTAB 法提取植物基因组 DNA

实施步骤	实施方法	知识充电站
3. 液氮研磨	① 预冷研钵。将液氮小心加入并浸满研钵与研杵（加入液氮时，缓慢加入，防止飞溅）； ② 组织研磨。称取 1.5g 新鲜植物叶片，剪碎后置于预冷的研钵中，倒入液氮，迅速研磨成粉，如图 2-1-1。 图 2-1-1　组织研磨	液氮研磨在分子生物学实验中应用广泛，特别是有关 DNA、RNA 的分离。液氮温度极低（−196℃），既能使各种组织成分不易被破坏或降解，又能使组织变硬，脆性增加，易于磨碎。人体皮肤直接接触液氮瞬间没有问题，但超过 2s 会冻伤且不可逆转，因此操作时要特别小心，注意防护。
4. 细胞裂解	① 取 0.1g 粉末直接加入 2mL EP 管中； ② 加入 700μL 预热的 CTAB 提取液，轻轻颠倒混匀（注意：细胞破碎核酸释放出来，所有混匀动作要轻柔，防止剧烈振荡导致 DNA 断裂）； ③ 65℃水浴 30min，其间每 5～10min 颠倒离心管混匀 1 次。 ④ 加入 100μL 5mol/L 的乙酸钾充分混匀，在冰浴中放置 30min，4℃ 12000r/min 离心 5min，吸上清（注意，对于幼嫩叶片此步可省略。对成熟的老叶片需采用）。	CTAB 抽提液各成分的作用： ① CTAB：阳离子去污剂，溶解细胞膜，并结合核酸，使核酸便于分离。 ② Tris-HCl（pH 8.0）：提供缓冲环境，防止核酸被破坏。 ③ EDTA：螯合 Mg^{2+} 或 Mn^{2+} 等二价阳离子，抑制 DNA 酶活性。 ④ NaCl：提供高盐环境，使DNA 充分溶解于液相中。 ⑤ PVP（聚乙烯吡络烷酮）：酚的络合物，能与多酚形成一种不溶的络合物质，有效去除多酚；同时还能和多糖结合，有效去除多糖。
5. 核酸抽提	① 加入等体积的氯仿/异戊醇，上下颠倒离心管，充分混匀； ② 室温放置乳化 10min 后，4℃ 12000r/min 离心 10min，离心后分三层，如图 2-1-2； 离心后分层 图 2-1-2　离心后分层 ③ 动作轻缓地从离心机中取出离心管； ④ 用移液器小心吸取上层水相至一新的 1.5mL 离心管中（尽量避免吸取中间层）。	核酸抽提分相时，一般采用氯仿/异戊醇（24:1）或苯酚/氯仿/异戊醇（25:24:1）。 苯酚：蛋白质强变性剂，与水有很大的互溶性，单独抽提后会有大量的酚溶解到水相中，加重 DNA 中酚的污染。一般与氯仿混合使用，以去除水相中的酚。 氯仿：即三氯甲烷，蛋白质变性剂，变性作用没有苯酚好，但它与水不混溶，与酚互溶。利用氯仿可以带走水相中的酚，克服酚的缺点，同时还能加速有机相与液相的分离，去除植物色素。 异戊醇：降低分子表面张力，减少操作过程中产生的气泡；有助于分相，使离心后的上层含DNA 的水相、中间的变性蛋白相以及下层的有机溶剂相维持稳定。

任务 1　CTAB 法提取植物基因组 DNA

实施步骤	实施方法	知识充电站
6.乙醇沉淀	① 加入2倍体积，-20℃预冷的无水乙醇，轻轻翻转混匀使核酸沉淀下来。 注意：这一步可能产生肉眼可见的絮状长链DNA，或者是云雾状的DNA，如果看不到DNA，可将样品-20℃放置10～30min甚至过夜以沉淀DNA。 ② 用下述方法收集DNA： a.如果呈可见的丝絮状DNA，可用枪头挑起，转移至新离心管中或用枪头固定絮状沉淀，剩余液体倒入废液缸，如图2-1-3。 b.如果DNA呈云雾状或者少量散开的DNA，可在2000r/min离心1～2min，小心地倒掉上清液，取沉淀。 图2-1-3　絮状DNA	DNA是白色纤维状固体，为线性高分子聚合物，微溶于水，不溶于乙醇、乙醚和氯仿等有机溶剂，因此提取DNA时常有乙醇或异丙醇从溶液中沉淀DNA。 絮状DNA
7.洗涤除杂	① 向离心管中加入400μL 70%乙醇洗涤沉淀，按上步收集方法重新收集DNA； ② 以同样的方式再洗涤一次。	核酸抽提沉淀DNA时总会加入高浓度的盐，加盐的目的是破坏能使蛋白质保持稳定的两个因素，使蛋白和DNA分离并沉淀下来。而此时盐的阳离子会与DNA结合形成DNA-阳离子盐溶于溶液中，再用无水乙醇沉淀得到的DNA中就含有较多的盐离子。在70%乙醇里，DNA不溶，而盐离子却可溶，因此用它来洗涤沉淀可除去DNA上残留的盐离子，而无水乙醇则达不到这个目的。

051

任务1　CTAB法提取植物基因组DNA

实施步骤	实施方法	知识充电站
8.干燥溶解	①12000r/min离心2min，吸弃上清，室温放置，晾干残留乙醇； ②加入200～500 μL（视沉淀量而定）含有RNA酶的TE缓冲液溶解沉淀，37℃水浴30min，消化RNA； ③最后管中即为抽提所得DNA溶液，短期4℃保存，长期–80℃储存。	纯的DNA沉淀为白色，干燥后透明。若干燥后是白色，说明含蛋白质类杂质较多；若呈黄至棕色，则含有多酚类杂质；若呈胶冻状，则含多糖类杂质。 TE缓冲液由Tris和EDTA配制而成，Tris-HCl可以稳定pH，EDTA可以螯合二价阳离子，降低DNA酶活性。TE缓冲液呈弱碱性，DNA在其中稳定性较好，不易被破坏其完整性或产生开环及断裂，便于长期保存。灭菌双蒸水也可用于核酸的溶解，但由于不是缓冲溶液，其pH值及离子强度等都不适合于核酸的长期保存。且水pH略偏酸性，DNA在酸性条件下比较容易降解。
9.提取产物检测	将提取产物取1μL加在NanoDrop 2000检测台上，测定所提DNA浓度。检测方法见项目一任务2。	DNA在260nm处有最大吸收峰，蛋白质在280nm处有最大吸收峰。其他碳源物，如酚、糖类等在230nm处有最大吸收峰。通过测定DNA溶液在波长260nm和280nm、230nm处的吸光度，可以以 OD_{260} 与 OD_{280} 的比值判断其纯度，以 OD_{260}/OD_{280}、OD_{260}/OD_{230} 的值计算其纯度。以 OD_{260} 计算其浓度。 ① OD_{260}/OD_{280} 在1.8～2.0内说明DNA纯度高，过高说明含RNA杂质，过低则含有蛋白质杂质。OD_{260}/OD_{230} 应大于2.0。 ②对于双链DNA，$OD_{260}=1$ 时，DNA溶液浓度为50μg/mL，DNA样品浓度（μg/μL）=$OD_{260}\times$ 样品稀释倍数 $\times 50/1000$。
10.提取产物鉴定	取3μL提取产物，电泳检测提取的基因组DNA完整性，用检测胶（琼脂糖浓度为1.2%）。检测方法详见项目一任务1。	预期结果如图2-1-4。 图2-1-4　预期结果 通过抽提，可以得到分子量在2000bp以上的基因组DNA。DNA条带明亮清晰、无拖尾。若有，说明可能DNA部分降解或提纯不彻底，含RNA较多。
实验操作演示视频		CTAB法提取植物基因组DNA

思政微课堂 5

DNA 结构的研究历程

【事件】

早在 20 世纪初，生物学界正在进行一种叫双螺旋结构的研究竞赛。

1951 年，年仅 23 岁的美国生物学博士沃森来到剑桥大学卡文迪许实验室，遇到了刚从物理学领域转型、一心想在交叉学科上有所作为的物理学博士克里克。相差 12 岁的两人一见如故，发现彼此的兴趣、思维方式都十分相似，很快就擦出了智慧的火花。他们决定携手合作，开始对遗传物质脱氧核糖核酸（DNA）分子结构的研究。沃森生物学基础扎实，克里克则具有物理学优势，不受传统生物学观念束缚，常以一种全新的视角思考问题。他们二人优势互补，取长补短，并吸收和借鉴了当时也在研究 DNA 分子结构的鲍林、威尔金斯和弗兰克林等人的研究成果，于 1953 年 4 月 25 日，发表了两人联合署名的《核酸分子结构：脱氧核糖核酸结构》论文，提出了 DNA 分子双螺旋结构模型。

当时同期进行 DNA 分子结构研究的还有两组科学家：一组是威尔金斯和弗兰克林。弗兰克林在 1951 年底拍到了一张十分清晰的 DNA 的 X 射线衍射照片，具备了解读 DNA 分子结构的基础。遗憾的是，当时她并没有认识到这张图谱的重要性，与成功探明 DNA 的双螺旋结构失之交臂。另一组是美国生化学家鲍林，他提出以糖和磷酸骨架为中心的三链螺旋结构，虽然后来被证实是错误的，但其研究思路（构建理论模型→X 衍射验证→循环修正模型）在后续 DNA 双螺旋结构的揭示过程中起到了至关重要的作用。

1962 年，沃森、克里克与威尔金斯因研究 DNA 双螺旋结构模型的成果，共同荣获诺贝尔生理学或医学奖。弗兰克林因病早逝，未能登上诺贝尔领奖台，但被世人公推为"DNA 之母"。

以上五位科学家，弗兰克林和威尔金斯是顶级的结晶学家，鲍林在生物大分子结构解析方面颇有建树，沃森修读生物学，而克里克则是物理学出身。他们各自的知识架构不尽相同，却在同一时段从事着同一课题研究，既是竞争者，又相互合作。也恰恰就是在这样复杂的关系和环境中，他们各展所长，以特殊的"合作"方式最终获得了 DNA 双螺旋结构这一人类科学史上学科交叉所产生的最为杰出的成果之一。

【启示】

1. 学科交叉是创新思想的源泉。科学上的重大创新突破大多是在跨学科领域的交流研究中产生的，这种方式能够帮助科研人员摆脱固定思维模式的束缚，触发灵感，产生"他山之石，可以攻玉"的效果，为科技创新提供了可能性。

2. 成果的产生不仅需要艰苦工作，还要善于思考。仅仅对实验数据有泛泛的认识是不够的，必须对许多不同类型的证据都有深刻的、批判性的洞察，从更高的角度把相关成果放在同一背景中整合，这对成功至关重要。

【思考】

1. 从不同国籍、不同学科的科学家合作研究的历程，谈谈对协同创新的认识。
2. 如何理解学科交叉融合的意义和影响？

任务 1　CTAB 法提取植物基因组 DNA

> **扩展学习**

SDS法提取细胞DNA

1. SDS简介

SDS（十二烷基硫酸钠）是一种阴离子表面活性剂，可迅速破坏组织结构，抑制RNA酶和DNA酶活性，是核酸纯化试剂的关键组分；此外，SDS还常用于蛋白质和类脂类的电泳分离。当其与蛋白质混合，质量比达到1.4∶1时，SDS能破坏蛋白质分子间以及其他物质分子间的非共价键使蛋白质的构象发生变化，继而使蛋白质变性解离成单一亚基，从而降低或消除了各种蛋白质分子间的天然电荷差异。电泳常用10%的SDS作为储备液。

2. SDS法提取原理

SDS是一种阴离子去污剂，在高温（55～65℃）条件下能裂解细胞，使染色体离析，蛋白变性，释放出核酸。通过提高盐（NH_4Ac或KAc）浓度并降低温度（冰浴），可使蛋白质及多糖类杂质沉淀，离心后去除沉淀。再用酚/氯仿萃取上清液中的DNA，重复萃取后，用乙醇沉淀，即可得到水相中的DNA。

3. SDS提取缓冲液的配方及作用（表2-1-2）

表 2-1-2　SDS缓冲液配方及作用

组分	终浓度	作用
Tris-HCl（pH8.0）	10mmol/L	防止核酸被破坏，提供了缓冲环境
EDTA（pH8.0）	20mmol/L	EDTA螯合锰离子或镁离子抑制DNA酶活性
NaCl	0.4mmol/L	NaCl提供高盐环境，充分溶解核蛋白（DNP），使其存在于液相中
SDS	2%	SDS在高温下分解细胞，改变蛋白质构象，释放核酸

4. SDS法实验流程

与CTAB法一样，动物组织—液氮研磨或者匀浆—细胞裂解—抽提—乙醇沉淀—离心洗涤—干燥溶解—DNA溶液。

5. SDS法的应用

SDS法和CTAB法都是常用的DNA提取方法。SDS作为阴离子去污剂，对多糖的去除效果一般，SDS法提取的DNA会含有较多的多糖，使DNA成胶冻状；而CTAB是阳离子去污剂，可以很好地去除多糖。所以，对于植物组织来说一般采用CTAB法，对于如动物组织、细胞、全血、细菌以及酵母等大部分实验材料，SDS法和CTAB法均可用于基因组DNA的提取。

工作任务单

任务名称					
姓名		班级		日期	
抽提样本及来源					

CTAB 提取液的配制

试　剂	理论用量	实际用量
CTAB		
NaCl		
0.5mol/L EDTA		
1mol/L Tris-HCl		
巯基乙醇		
总体积		

DNA 提取结果

乙醇沉淀后	
DNA性状	
抽提产物浓度纯度检测结果	DNA 的浓度：_____ $OD_{260}/OD_{280}=$ _____ $OD_{260}/OD_{230}=$ _____
抽提产物电泳检测结果图	
结果分析	

任务 1　CTAB 法提取植物基因组 DNA

教师考核			
考核内容	考核指标	配分	得分
实验过程（60%）	液氮研磨是否准确快速	10	
	操作规范性	20	
	NanoDrop 浓度纯度检测操作熟练度	10	
	电泳检测操作熟练度	20	
结果（40%）	DNA 纯度	20	
	DNA 浓度	20	
总体评价			
考核人签字		总分	

任务 1　CTAB 法提取植物基因组 DNA

任务检测

姓名_____　　　班级_____　　　成绩_____

一、不定项选择题（每题5分，共30分）

1. CTAB 在植物组织 DNA 提取过程中的主要作用是（　　　）。

  A. CTAB 可以溶解细胞膜，并结合核酸，使核酸便于分离

  B. CTAB 可以使 DNA 沉淀

  C. CTAB 可以使 DNA 溶解

  D. CTAB 可以使蛋白溶解，并结合核酸，使核酸便于分离

2. CTAB 的中文全称是（　　　）。

  A. 十六烷基三甲基溴化铵　　　　　　　B. 十二烷基硫酸钠

  C. 十二烷基肌酸钠　　　　　　　　　　D. 十六烷基三甲基氢氧化铵

3. DNA 提取中 75% 乙醇的主要作用是（　　　）。

  A. 75% 乙醇可以溶解上清液中的杂质　　B. 75% 乙醇可以沉淀 DNA

  C. 75% 乙醇可以溶解 DNA　　　　　　D. 75% 乙醇可以沉淀上清液中的杂质

4. DNA 提取中异丙醇的主要作用是（　　　）。

  A. 异丙醇可以沉淀 DNA　　　　　　　B. 异丙醇可以溶解 DNA

  C. 异丙醇可以溶解上清液中的杂质　　　D. 异丙醇可以沉淀上清液中的杂质

5. 纯化后的基因组 DNA 是（　　　）。

  A. 白色絮状　　　　　　　　　　　　　B. 黄色絮状

  C. 白色颗粒　　　　　　　　　　　　　D. 黄色颗粒

6. 在 CTAB 法提取基因组 DNA 的过程中，用到的试剂有（　　　）。

  A. CTAB 提取液　　　B. 无水乙醇　　　　C. 75% 乙醇

  D. 氯仿/异戊醇　　　　E. 双蒸水

二、填空题（每题10分，共40分）

  "CTAB法"和"SDS法"是提取DNA的常用方法，CTAB提取液含有CTAB、EDTA等成分，SDS提取液含SDS、EDTA等成分。CTAB能破坏膜结构，使蛋白质变性，提高DNA在提取液中的溶解度；SDS能破坏膜结构，使蛋白质变性，EDTA能螯合Mg^{2+}、Mn^{2+}，抑制DNA酶的活性。某科研小组为了寻找提取蜡梅DNA的优良方法，比较了两种提取DNA的方法，主要操作如下：

任务1 CTAB法提取植物基因组DNA

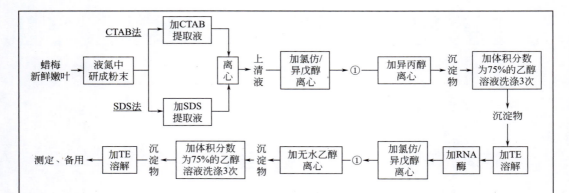

请回答下列问题。

（1）与常温下研磨相比，液氮中研磨的优点是_____；CTAB法和SDS法提取液中都加入EDTA的目的是_____。

（2）氯仿/异戊醇密度均大于水且不溶于水，DNA不溶于氯仿/异戊醇；蛋白质等杂质可溶于氯仿/异戊醇，实验过程中加入氯仿/异戊醇离心后，应取①_____加异丙醇（异丙醇与水互溶）并离心进行纯化，利用异丙醇溶液纯化DNA的原理是_____。

三、问答题（30分）

1. 简述在DNA提取实验中各试剂的作用（SDS，EDTA，酚/氯仿/异戊醇，无水乙醇，70%乙醇）。

2. 简述植物基因组DNA提取的原理。

参考答案

任务2　磁珠法提取全血基因组DNA

任务描述			
教学方法	任务驱动	教学模式	理实一体
建议学时	4	教学地点	理实一体化教室
任务要求	使用磁珠法抽提全血基因组DNA。通过琼脂糖凝胶电泳检测DNA的完整性，并使用NanoDrop 2000测定所提取的DNA的浓度及纯度。		

	知识和技能目标	思政和素养目标
学习目标	1. 掌握磁珠法提取DNA的原理和方法，熟悉实验过程中所用的试剂及其用途； 2. 能够根据实验要求规范准确地完成DNA提取的所有步骤； 3. 能够根据检测结果和电泳图谱判断抽提产物的质量，并分析其原因。	1. 实验操作过程中，养成严格按照操作流程进行操作的质量规范意识以及对结果实事求是的科学精神； 2. 理解基因是重要的生物资源，树立保护生物多样性就是保护基因资源的理念； 3. 自觉保护国家基因资源，维护国家基因资源。

任务准备	
设备、耗材和试剂	1.设备：冰箱、NanoDrop 2000、紫外凝胶成像系统、磁力架、电泳仪电源、水平电泳槽、1mL/200μL微量移液器。 2.耗材：移液器吸头、1.5mL离心管。 3.试剂：核酸提取试剂盒、无水乙醇。

技术路线

任务准备 → 裂解细胞 → 结合磁珠 → 洗涤除杂

定性检测及定量分析 ← 洗脱DNA ← 洗涤除杂

任务2　磁珠法提取全血基因组 DNA

	任务实施	
实施步骤	实施方法	知识充电站
1.任务准备	①试剂盒第一次使用前按试剂使用说明在洗涤液1（Washing Buffer 1）和洗涤液2（Washing Buffer 2）中加入相应体积的无水乙醇并做好标记； ②若样本为冻存血液，则实验前应在室温或37℃缓慢解冻，不可高温加热，以免血凝结块；将冻存的血液置于37℃摇床150～200r/min融化，效果最佳；也可提前一天放在4℃解冻。	磁珠法提取原理：磁珠法中的细胞裂解液是一种蛋白变性剂，可使动植物的细胞裂解，并使与DNA结合的蛋白质变性，DNA游离释放，磁珠可以特异地吸附DNA，通过洗涤，去除DNA以外的蛋白质、多糖等杂质，再用洗脱液解离吸附在磁珠上的DNA，即可得到目标DNA。
2.裂解细胞	① 在1.5mL无核酸酶EP管中加入200μL待提取血液样本（若不足200μL可使用生理盐水补齐）； ② 加入20μL蛋白酶K，轻微涡旋振荡混匀15s或上下颠倒混匀后加入600μL裂解液（Lysis Solution）； ③ 室温裂解5min，期间上下颠倒混匀两次。	细胞裂解液（Cell Lysis Solution）发挥裂解作用的主要成分是盐酸胍。其作用机理是：第一，促使核膜破裂，使结构中氢键断裂，溶解蛋白质，破坏蛋白质二级结构，使蛋白质从核酸上解离下来；第二，促使DNA的吸附，盐浓度越高溶液中的自由水分子就越少，盐离子的水化能力就越强，导致核酸分子暴露的磷酸基团越多，与磁珠表面修饰的基团增加，形成氢键的结合位点，增加DNA的吸附。
3.结合磁珠	① 在上述裂解液中加入使用前充分重悬的20μL磁珠，吹打分散磁珠； ② 将EP管置于磁力架上，静置1min，待磁珠完全吸附后，用移液器吸弃上清。	磁珠是利用一定的组织包被四氧化三铁核心而形成的可以被磁铁吸附的同时又能通过表面包被物吸附（结合）核酸的磁微球。 　一般分为三层结构，如图2-2-1，最内层为支持结构，如聚苯乙烯做的内核；中间层为磁层，作用是与磁力架上的磁铁相互吸附，从而分离核酸与反应溶液，材料通常为Fe₃O₄；最外层是修饰层，一般为带负电的基团。
4.洗涤除杂	①将离心管从磁力架上取下，加入700μL Washing Buffer 1，涡旋振荡15s，充分重悬磁珠； ②将EP管重新置于磁力架上，静置1 min，除尽上清。（液体一定要弃尽，不然残留会影响下游实验）； ③将EP管取下磁力架，加入700μL Washing Buffer 2，涡旋振荡15s；	 图2-2-1　磁珠的结构

060

实施步骤	实施方法	知识充电站
4. 洗涤除杂	④ 将EP管放上磁力架，静置1min，除尽上清； ⑤ 瞬时离心后重新放上磁力架，移尽残留上清。开盖室温晾置3～5min，直至磁珠表面无反光； 注：为保证核酸的纯度，漂洗液要去除干净；同时，磁珠过分干燥（龟裂）会影响最终产量。	**磁珠作用原理：** 在磁珠法的反应体系中，核酸分子会由线性压缩成球状，暴露出核酸骨架上大量的负电基团与反应体系中的阳离子连接，在磁珠最外层负电基团的作用下，形成"阴离子—阳离子—阴离子"的盐桥结构，使核酸分子被特异性地吸附到磁珠表面。而当反应缓冲液被弃除后，加入水性分子，会快速充分水化核酸分子，解除三者之间的离子相互作用，使吸附到磁珠上的核酸分子被纯化出来。
5. 洗脱DNA	① 加入50μL洗脱液（Elution Buffer），温和混匀15s，室温静置3min，期间振荡混匀2次； ② 瞬时离心，将离心管重新置于磁力架上，静置1min后，吸取上清至一新的无核酸酶离心管中，即为抽提所得DNA； ③ 4℃短期保存或–20℃（保质期2年）或–70℃以下长期保存备用。	**磁珠和试剂用量：** 对于磁珠法而言，每增加一部分液体体积，就减少了更多的磁珠碰撞概率，导致吸附率的大幅度下降。所以虽然增加裂解液和洗涤液确实能起到增强裂解和增强洗涤的作用，但磁珠法提取的核心是磁珠吸附核酸的效率，因此提取过程中，应严格按要求控制磁珠和液体的比例。
6. DNA浓度、纯度检测	将提取产物取1μL加在NanoDrop 2000检测台上，测定所提DNA浓度及纯度。检测方法见项目一任务2。	**DNA得率**主要有以下三个决定因素：裂解液对组织样本的裂解消化能力、磁珠对核酸的吸附能力、洗脱液对核酸的洗脱能力。DNA提取得率可通过紫外分光光度计法测得，但是结果仅供参考，若要精确检测DNA得率，还要做PCR。
7. DNA完整性检测	取3μL提取产物，电泳检测提取的基因组DNA完整性，用检测胶（琼脂糖浓度为1.2%）。检测方法详见项目一任务1。	组织样本量与DNA得率成正比，结果不理想可通过增加组织样本量来提高DNA得率；若样本量的增加还是不能改善DNA得率，那么就应该及时考虑更换试剂盒。

思政微课堂6

生物遗传资源的保护

【事件】

2020年10月17日,《中华人民共和国生物安全法》颁布,自2021年4月15日起施行。这是我国在生物安全领域颁布的一部基础性、综合性、系统性、统领性法律,它的颁布和实施,标志着我国生物安全进入依法治理的新阶段。

随着科学技术的发展,生物资源(包括遗传资源)已经成为衡量一个国家综合国力的重要战略资源,生物资源作为生态环境的核心组成部分,与人类生产生活密切相关,是维护国家生态安全和生态文明建设的重要物质保障。它不仅为人类所需的食品、药品提供了原材料,也蕴藏着丰富的遗传资源,是医药、育种等行业发展的重要基因来源。

全球竞争性优势越来越突出地表现在对生物遗传信息的认识、掌握和利用方面,生物物种及其基因资源被看作是化石能源之后人类最后的一块"淘金场",而与生物基因资源相关的知识产权就是知识经济时代全球经济技术化"抢滩"和"圈地"的工具。有些国家拥有先进的生物技术,常以合作研究、旅游考察、海外邮寄等名义诱骗、偷窃、夹带生物遗传资源,甚至通过刻意扰乱市场贸易、边境走私等非法手段造成他国生物物种及其基因资源的严重流失。他们无偿或低价地从发展中国家掠夺生物资源,经生物技术的开发利用,形成产品,再通过所谓的知识产权保护,在发展中国家攫取更多暴利。国际社会将这种不公平的资源掠夺行为称之为"生物海盗"或"生物剽窃"现象。

"生物海盗"能够利用漏洞"成功获取"他国生物资源,究其原因,在于国家缺失相关法律法规、研究人员保护意识薄弱、缺乏法律知识以及有关执法机构执法不力等因素。

《中华人民共和国生物安全法》首次在国家层面以综合性立法的形式对生物安全进行了法律界定,对生物安全风险防控体制、重大新发突发传染病、动植物疫情、生物多样性、生物技术研发等多个领域的生物安全风险防控问题进行系统性、针对性的规制,将生物安全纳入国家安全体系进行谋划和布局,不仅能够有效防范和应对生物安全各类风险,也更好地维护国家安全,护卫民众健康。在防止生物物种资源流失,维护生态安全和生物多样性,维护国家物种主权和生物资源安全方面具有深远意义。

【启示】

1.完善的法规制度能够保障生物物种及其基因资源的安全,促进我国生物科技的发展。

2.开展生物科技和生物多样性保护的普及教育,提升全民生命共同体意识和科学的健康意识是生物资源保护的基础工程。

【思考】

1.为什么要对生物物种及其基因资源进行保护?

2.请与小组成员合作完成一次"生物资源保护"为题的校园科普活动。

任务 2　磁珠法提取全血基因组 DNA

扩展学习

核酸提取仪

核酸提取仪是应用配套的核酸提取试剂来自动完成样本核酸提取工作的仪器。广泛应用在临床疾病诊断、输血安全、法医学鉴定、环境微生物检测、食品安全检测和分子生物学研究等多个领域。

一、核酸提取仪的分类

根据提取原理可以分为采用离心柱法的仪器和采用磁珠法的仪器两种。

1. 离心柱法核酸提取仪

离心柱法核酸提取仪主要采用离心机和自动移液装置相结合的方法，通量一般在 1 ～ 12 个样本，操作时间和手工提取差不多，并不能提高实际工作效率，且价格昂贵，不同型号仪器的耗材也不能通用，仅适合经费充足的大型实验室使用。

2. 磁珠法核酸提取仪

以磁珠为载体，利用磁珠在高盐低 pH 值下吸附核酸，在低盐高 pH 值下与核酸分离的原理，再通过移动磁珠或转移液体来实现核酸的整个提取纯化过程。由于其原理的独特性，所以可设计成很多种通量，既可以单管提取，也可以提取 8 ～ 96 个样本，且其操作简单快捷，提取 96 个样本仅需 30 ～ 45min，大大提高了实验效率，且成本低廉，因而可以在不同实验室使用，是目前市场上的主流仪器。

二、磁珠法核酸提取仪的基本原理

磁珠法核酸提取仪一般分为抽吸法和磁棒法两种。

1. 抽吸法

抽吸法也叫移液法，是通过固定磁珠、转移液体来实现核酸的提取，一般通过操作系统控制机械臂来实现转移（图 2-2-2）。提取过程如下：

（1）裂解　在样品中加入裂解液，通过机械运动及加热实现反应液的混匀及充分反应，细胞裂解，释放核酸。

063

（2）吸附　在样品裂解液中加入磁珠，充分混匀，利用磁珠在高盐低pH值下对核酸具有很强亲和力的特点，吸附核酸，在外加磁场作用下，磁珠与溶液分离，利用吸头将液体移出弃至废液槽，吸头弃掉。

（3）洗涤　撤去外加磁场，换用新吸头加入洗涤缓冲液，充分混匀，去除杂质，在外加磁场作用下，将液体移出。

（4）洗脱　撤去外加磁场，换用新吸头加入洗脱缓冲液，充分混匀，结合的核酸即与磁珠分离，从而得到纯化的核酸。

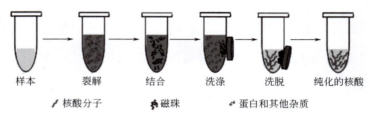

图 2-2-2　移液法分离原理

2. 磁棒法

磁棒法是通过固定液体，转移磁珠来实现核酸的分离，原理和过程与抽吸法的一样，不同的是磁珠和液体分离的方式。磁棒法是通过磁棒对磁珠的吸附将磁珠从废液中分离开，放入下一步的液体中，实现核酸的提取（图2-2-3）。

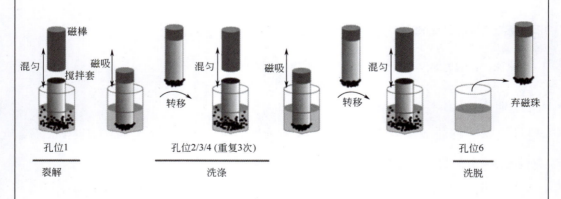

图 2-2-3　磁棒法分离原理

任务 2　磁珠法提取全血基因组 DNA

工作任务单		
任务名称		
姓名	班级　日期	
抽提样本类型		
抽提样本来源		

工作过程记录		
1. 任务准备	Washing Buffer液按要求添加无水乙醇	无水乙醇添加体积：_____mL 洗涤液1（Washing Buffer 1）：_____mL 洗涤液2（Washing Buffer 2）：_____mL
2. 裂解细胞	将待提组织样本与蛋白酶K、细胞裂解液混合均匀，室温静置使细胞裂解充分	1. 加样体积 样本：_____ 蛋白酶K：_____ 细胞裂解液：_____ 2. 裂解时间：_____
3. 结合磁珠	1. 细胞裂解液中加磁珠； 2. 将EP管置于磁力架上，静置使磁珠吸附后，弃上清	1. 磁珠用量：_____ 2. 静置时间：_____
4. 洗涤除杂	加洗涤液洗涤磁珠，重复操作2～4次	加样体积： Wash buffer 1：_____ Wash buffer 2：_____
5. 洗脱DNA	1. 加洗脱液，室温静置3min，洗脱DNA； 2. 瞬时离心，将离心管重新置于磁力架上，静置1min后，吸取上清至一新的离心管中，即为所得DNA	1. 加样体积 洗脱液（Elution Buffer）：_____ 2. 保存条件：_____

065

任务 2　磁珠法提取全血基因组 DNA

6. 浓度纯度检测	NanoDrop 2000 检测 DNA 浓度及纯度	DNA 的浓度：_____ $OD_{260}/OD_{280}=$_____ $OD_{260}/OD_{230}=$_____
7. 完整性检测	琼脂糖凝胶电泳检测 DNA 完整性	电泳图：

教师考核			
考核内容	考核指标	配分	得分
实验过程（40%）	操作规范性	20	
	NanoDrop 2000 浓度纯度检测操作熟练度	10	
	电泳检测操作熟练度	10	
结果（60%）	DNA 纯度	20	
	DNA 浓度	20	
	DNA 完整性	20	
总体评价			
考核人签字		总分	

任务检测

姓名_____ 班级_____ 成绩_____

一、填空题（每空5分，共50分）

1. 根据原理，可将核酸提取仪分为_____和磁珠法两大类。其中，磁珠法又可根据磁珠和液体分离的方式的不同，分为_____和_____两大类。

2. 磁珠一般分为三层结构，最内层是_____，中间层是_____，最外层是_____。

3. 磁珠法提取组织DNA的基本实验流程一般分为四大步，依次为：_____、_____、_____、_____。

二、简答题（30分）

1. 简述磁珠法提取DNA的基本原理。（15分）

2. 磁珠法核酸提取仪可分为抽吸法和磁棒法两种，请简述两种方法的异同点。（15分）

三、论述题（20分）

你如何理解"生命科学最大的资源不是土地和空间资源，而是基因资源"这句话？我们应该如何做到正确利用基因资源？

参考答案

任务3 离心柱法提取石蜡组织切片基因组DNA

任务描述			
教学方法	任务驱动	教学模式	理实一体
建议学时	4	教学地点	理实一体化教室
任务要求	使用二甲苯和试剂盒相结合的方法抽提石蜡包埋组织DNA。通过琼脂糖凝胶电泳检测DNA的完整性，并使用NanoDrop 2000测定所提取的DNA的浓度及纯度。		

学习目标	知识和技能目标	思政和素养目标
	1. 掌握离心柱法提取DNA的原理，熟悉实验过程中所用的试剂用途； 2. 能够根据实验要求循序准确的完成DNA提取的所有步骤； 3. 能够根据检测结果和电泳图谱判断抽提产物的质量，并分析其原因。	1. 实验操作过程中，形成严格按照操作流程进行操作的质量规范意识以及注意个人生命安全的自我防护意识； 2. 通过明确各类实验废弃物的处理原则，培养学生的环保意识。

任务准备	
设备、耗材和试剂	1. 设备：涡旋振荡器、恒温水浴锅、NanoDrop 2000、电泳仪、凝胶成像系统、台式高速离心机、1mL/200μL微量移液器。 2. 耗材：一次性解剖刀、移液器吸头、1.5mL离心管。 3. 试剂：二甲苯、无水乙醇、离心柱法核酸提取试剂盒。

技术路线

样本脱蜡 → 消化裂解，释放DNA → 吸附DNA ↓

定性检测及定量分析 ← 洗脱DNA ← 漂洗除杂

任务3　离心柱法提取石蜡组织切片基因组 DNA

任务实施		
实施步骤	实施方法	知识充电站
1.试剂准备	① 提前打开水浴锅，温度设置为56℃； ② 配制蛋白酶K工作液：加入1.1mL的蛋白酶K溶解液（Proteinase K Dissolve Solution）于22mg蛋白酶K至终浓度为20mg/mL，轻轻颠倒让蛋白酶K充分溶解； ③ 试剂盒第一次使用前按试剂使用说明在溶液FW1（Buffer FW1）和溶液FW2（Buffer FW2）中加入相应体积的无水乙醇并做好标记。	**石蜡切片/石蜡包埋组织**因其易储存、易运输等特点已日益成为精准医学检测、分子生物学和分子病理学研究的重要样本来源。本试剂盒基于硅胶膜吸附技术，通过二甲苯的去蜡以及蛋白酶K使DNA从石蜡组织中释放出来，并通过特异性的DNA吸附柱有效提取DNA。抽提产物适用于多种下游应用，如PCR、qPCR、DNA文库构建等实验。 Buffer FW1和Buffer FW2作为**漂洗液**，作用是洗涤除去DNA表面的杂质，使用前必须用无水乙醇稀释，目的是维持DNA的沉淀状态，利于把DNA沉淀上附着表面的一些盐如LiCl、NaCl等溶解去除。为了防止乙醇挥发影响终浓度，一般现用现加。
2.样本脱蜡	① 取石蜡切片5～8张，用一次性解剖刀刮取组织至1.5mL离心管中； ② 加入1mL二甲苯溶液至样品管中，涡旋混匀15s，12000r/min离心2min，弃上清，注意避免吸到沉淀。重复此步骤一次； ③ 加入1mL无水乙醇至样品管中，涡旋混匀15s，12000r/min离心2min，弃上清，注意避免吸到沉淀。重复此步骤一次； ④ 室温彻底晾干，挥发掉残余的乙醇。 **注意：**对于穿刺等样品量少的石蜡组织不易离心沉淀，弃上清过程中容易造成损失，并且样品所含石蜡较少，可不重复步骤②。	FFPE样本中的石蜡会阻碍消化液对组织的渗透，抑制蛋白酶K和组织内蛋白的接触，进而影响组织消化和核酸释放。为消除石蜡对DNA提取的不良影响，抽提前必须对组织进行彻底的脱蜡。 **二甲苯**是一种高度易燃的有机溶剂，低毒物质，不溶于水，溶于石蜡和乙醇。但石蜡与乙醇之间互不相溶，所以传统去除石蜡的方法是先用二甲苯溶解石蜡，再用乙醇去除残留的二甲苯。利用相似相溶的原理，使用极性的有机溶剂对石蜡切片上的蜡质进行溶解和置换，达到去除的目的。

070

任务 3　离心柱法提取石蜡组织切片基因组 DNA

实施步骤	实施方法	知识充电站
3.消化裂解	① 向沉淀中加入200μL溶液FTL（Buffer FTL）和20μL蛋白酶K工作液，涡旋混匀； ② 56℃水浴1h至样品完全消化，其间需颠倒混匀数次； ③ 90℃水浴1h。温度降至室温后，快速离心收集管壁液（12000r/min 1min）。 注意：若消化液中仍存在未消化的杂质，12000r/min离心3min去除杂质。转移上清液至新的离心管。	**Buffer FTL 裂解液**，作用是悬浮样本并裂解组织细胞。 **蛋白酶K** 是一种从白色念珠菌分离出来的强力蛋白溶解酶，在DNA提取中，主要作用是酶解与核酸结合的组蛋白，使DNA游离在溶液中。最佳工作温度为56℃，温度过低不利于发挥蛋白酶K的活性，过高则不利于保护DNA的完整性。 石蜡组织消化裂解一般采用两步水浴法，56℃处理的作用是通过消化交联蛋白而释放DNA，90℃处理可以逆转部分甲醛修饰的核酸，明显提高DNA的产量。
4.吸附DNA	① 加入200μL溶液FL（Buffer FL）和200μL无水乙醇至上述处理液中，涡旋混匀15s； ② 将FFPE DNA吸附柱置于收集管中，转移混合液至吸附柱中。12000r/min离心1min，弃滤液。	**Buffer FL** 提供高盐、低pH值的DNA上柱缓冲环境。 在离心柱式核酸提取试剂盒中，**吸附柱** 含有Resin合成树脂，可特异性吸附DNA。原理是：在低pH、高盐缓冲液中，吸附柱表面负电荷减少，DNA分子所带负电荷与其之间的斥力减小，水合程度降低；同时DNA还会与吸附柱表面的羟基形成氢键，且氢键力远大于静电斥力，导致DNA被牢牢吸附在吸附柱上；再用高pH、低盐的缓冲溶液洗脱时，可破坏二者间的氢键，将吸附柱上的DNA释放出来，从而达到提取目的。
5.漂洗除杂	① 将吸附柱放置回收集管中，加入500μL溶液FW1（Buffer FW1）至吸附柱，12000r/min离心1min，弃滤液； ② 将吸附柱放置回收集管中，加入650μL缓冲液FW2（Buffer FW2）至吸附柱，12000r/min离心1min，弃滤液； ③ 将吸附柱放置回收集管中，12000r/min离心空柱3min。	**Buffer FW1** 的作用是去除DNA中的蛋白质。 **Buffer FW2** 的作用是去除DNA中的盐离子。

任务 3　离心柱法提取石蜡组织切片基因组 DNA

实施步骤	实施方法	知识充电站
6.洗脱DNA	① 将吸附柱转移至新的1.5mL离心管中，开盖5min充分挥发乙醇； ② 加入80μL洗脱液（Elution Buffer）至吸附柱膜中央，室温静置2min。12000r/min离心1min，洗脱液即为所提DNA； ③ 收集洗脱液，并在装有洗脱液的1.5mL离心管上做好标记，将DNA保存于−20℃，长期保存需放置于−80℃。 注意：加入Elution Buffer时，应加在膜的中心部位（小心吸头不能弄破膜），确保洗脱液会完全覆盖硅胶膜的表面达到最大洗脱效率。	漂洗液中乙醇的残留会影响后续的酶反应实验（酶切、PCR等），所以加入洗脱液之前，应彻底晾干吸附柱上残留的漂洗液。 **Elution Buffer**：含有2.5mmol/L Tris-HCl，pH 8.5。创造低盐、高pH环境洗脱吸附柱上的DNA。
7.提取产物检测	将提取产物取1μL加在NanoDrop 2000检测台上，测定所提DNA浓度。检测方法见项目一 任务2。	使用NanoDrop检测浓度时，应当把Elution Buffer作为空白样进行校准。 OD_{260}/OD_{280}比值应当在1.8～2.0之间，小于1.8代表存在蛋白质污染，大于2.0代表存在RNA污染。 OD_{260}/OD_{230}比值应当大于2.0，否则代表盐未洗脱干净，存在盐污染。
8.提取产物鉴定	取3μL回收产物，电泳检测提取的基因组DNA完整性，用检测胶（琼脂糖浓度为1.2%）。检测方法详见项目一 任务1。	预期结果： 图2-3-1　预期实验结果 通过抽提，可以得到分子量在2000bp以上的基因组DNA，如图2-3-1。

思政微课堂7

保护环境，敬畏自然

【事件】

1. 20世纪50年代中末期，日本水俣市发生了一系列古怪病例，许多居民都出现了运动失调，四肢麻木、疼痛，产畸胎等症状，而且这种病还能遗传给子女，被称为"水俣病"。1965年该病在新潟县再次暴发流行。经调查发现，这种病与当地人食用的海产品有直接关联，调查人员从鱼贝类中提取出的氯化甲基汞结晶，与当地的化工厂排出的废水中所含物质一致。甲基汞是一种具有强神经毒性的污染物，被人误食后几乎能够全部被血液吸收，输送到各器官包括脑部，对脑细胞的损害具有进行性和不可恢复性，致死率很高。直到1968年日本政府发布公告时，"水俣病"受害人数已达12000余人。

2. 2003年，某实验室的一名病毒研究人员在实验操作过程中，发现传递舱里装有实验废弃物的塑料袋破裂，少量液体外流。在清理运输箱里的废弃物时，由于无法透过生物安全箱的操作手套够到污染处，于是违反操作规定打开了传递舱舱门，仅靠酒精消毒清理，导致自身受到病毒感染。他担心到医院就医会暴露自身操作失误，迟迟不肯就医。入院确诊后，流调显示此人有过出境记录，最终，有密切接触的相关人员被隔离，当地启动全面警戒防控管理机制：出问题的实验室被立即关停，其他相关实验室也暂停研究；所有公共场所对进出人员进行体温监控；国际机场对出入境旅客的健康监测手段也再次升级。该事件影响面广，对社会民众造成严重心理冲击，甚至引起股市动荡，影响经济发展。

实验室的污染主要有生物性污染、化学性污染和放射性污染三种。当实验室的废弃物以各种形式排放到周围环境时，随着时间增长，排放量大，造成某些污染的扩散传播，带来严重不良后果。

"敬畏自然"在生态治理、环境保护、乡村振兴、美丽中国等生态文明建设的诸多方面，发挥着不可替代的指导和引领作用。

【启示】

1. 敬畏自然，保护环境，从某种程度上来说，既是保护自然，让自然万物得以充分地、自由地存在，也是保护我们人类自己，保证人类整体的生命延续。

2. 实验室排放的废弃物由于种类多、组成复杂，很难集中处理，应当根据废弃物性质，分别加以回收及处理，责任在实验室的每一个工作人员。实验人员应予以足够的重视，加深对防止公害的认识，自觉采取措施，以免危害自身或危及他人。

【思考】

1. 结合实验室"三废"处理，谈谈如何践行"绿水青山就是金山银山"的生态理念。
2. 所用的实验室常见废弃物有哪些？如何回收和处理？

任务3　离心柱法提取石蜡组织切片基因组 DNA

> **扩展学习**
>
> ### 石蜡组织切片的常用脱蜡方法
>
> 　　石蜡组织切片广泛应用于分子诊断过程中，为消除石蜡对 DNA 提取和 PCR 扩增的不良影响，需要在保证不增加外源性 PCR 抑制因子和尽量减少 DNA 额外损伤的前提下对组织进行彻底的脱蜡。目前常用的脱蜡方法主要有以下两种：
>
> #### 1. 有机溶剂脱蜡
>
> 　　最常用的是二甲苯，在脱蜡过程中，需要将石蜡包埋组织浸泡在二甲苯溶液中进行脱蜡，一般常温状态下即可进行脱蜡，但是时间比较长；如果需要提高脱蜡效果，可适当提高二甲苯脱蜡温度，增加脱蜡的次数。然后采用梯度乙醇进行复水，可以采用90%、75%、25%的梯度乙醇进行水化（其他相应梯度亦可），梯度乙醇可以疏松组织结构、促进消化液渗入并去除组织中的痕量二甲苯和甲醛。待乙醇自然挥发后，将组织浸泡于消化缓冲液，并加入蛋白酶 K，56℃ 孵育进行组织消化。二甲苯脱蜡是最经典的方法，脱蜡效果比较好，被应用于大多数商业试剂盒，但是二甲苯是一种有毒的有机试剂，对人体具有一定程度的危害，实验存在风险，同时二甲苯脱蜡实验过程繁琐，时间至少在3h以上，时间比较长，另外操作步骤中需要离心，不能适配自动化操作。
>
> #### 2. 加热法脱蜡
>
> 　　加热法脱蜡是一种新的脱蜡方法，简化了石蜡切片脱蜡的实验步骤，实验过程中将裂解液与石蜡切片一起混合，并加入蛋白酶K，在60℃和90℃各孵育1h后，使得管内液体分成油层和水层，核酸即存在于水层，通过转移水层即可进行后续的核酸纯化步骤，如图2-3-2。此法无需接触有毒化学溶剂，操作步骤简便，脱蜡时间短，目前在FFPE核酸提取试剂盒中应用广泛。加热法脱蜡结合磁珠纯化核酸，可适配自动化设备，实现完全自动化操作。但加热法脱蜡也有不足之处，即DNA受热后不稳定，组织内释放出的一些金属离子以及核酸酶等易对其造成损伤，加热温度越高、时间越长，DNA受损则越严重。另外，组织受热不均，脱蜡有不彻底的可能。
>
>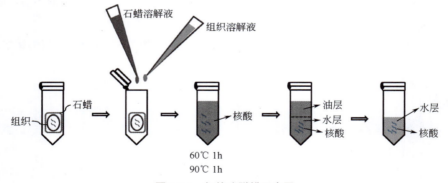
>
> 图 2-3-2　加热法脱蜡示意图
>
> 　　（1）**水浴加热脱蜡法**　将组织样本浸泡于生理盐水中，在接近石蜡熔点的温度（65℃）下水浴，重复1~2次，可达到去除石蜡的目的。有研究表明，水浴加热时间与大片段DNA检出率成反比，建议采用65℃水浴10min效果较好。
>
> 　　（2）**微波加热脱蜡法**　向装有组织切片的离心管中加入消化缓冲液，密封后，置于微波炉中加热2min（时间长短视石蜡而定），利用电磁波的穿透力，对组织进行深层加热，可在短时间内对组织进行比较彻底的脱蜡。

任务 3　离心柱法提取石蜡组织切片基因组 DNA

工作任务单					
任务名称					
姓名		班级		日期	
石蜡包埋组织信息					
组织切片来源					
组织切片总数					
所需材料与试剂					
DNA抽提试剂盒品牌型号					
抽提产物浓度纯度检测结果	DNA 的浓度：_____ $OD_{260}/OD_{280}=$ _____ $OD_{260}/OD_{230}=$ _____				
抽提产物电泳检测结果与分析					

075

任务 3　离心柱法提取石蜡组织切片基因组 DNA

教师考核			
考核内容	考核指标	配分	得分
实验准备 （15%）	试剂准备是否全面、准确	15	
实验过程 （55%）	实验操作规范性	25	
	NanoDrop 2000 浓度纯度检测操作熟练度	10	
	电泳检测操作熟练度	20	
实验结果 （30%）	DNA 浓度	10	
	DNA 纯度	10	
	DNA 完整性	10	
总体评价			
考核人签字		总分	

任务检测

姓名_____ 班级_____ 成绩_____

一、不定项选择题（每题8分，共40分）

1. 石蜡切片中二甲苯的作用是（　　）。
   A. 固定　　　　　　　　　　B. 净洗
   C. 脱水　　　　　　　　　　D. 脱蜡

2. 核酸抽提前必须要对石蜡包埋组织进行脱蜡处理的原因是（　　）。
   A. 石蜡会阻碍消化液对组织的渗透
   B. 石蜡会污染提取到的DNA，影响纯度
   C. 石蜡组织会影响核酸释放
   D. 石蜡易与其他试剂相结合，降低抽提效率

3. 关于使用二甲苯进行脱蜡的原理，说法错误的是（　　）。
   A. 二甲苯不溶于水　　　　　　B. 石蜡溶于乙醇
   C. 二甲苯溶于石蜡　　　　　　D. 二甲苯溶于乙醇

4. 从石蜡包埋组织中提取DNA，最关键的两点是（　　）。
   A. 洗涤要充分　　　　　　　　B. 脱蜡要彻底
   C. 消化要充分　　　　　　　　D. 切片数量越多越好

5. 对于FFPE样，目前常用的脱蜡方法有（　　）。
   A. 水浴加热脱蜡　　　　　　　B. 微波加热脱蜡
   C. 二甲苯脱蜡　　　　　　　　D. TES溶液脱蜡

二、简答题（30分）

1. 简述使用二甲苯脱蜡的基本原理。（15分）
2. 简述离心柱法提取基因组DNA的原理。（15分）

三、论述题（30分）

作为一名生物医药科研人员，你怎么看待实验室垃圾分类及处理？日常实验中我们应该如何做，去保护自己、保护他人、保护环境？

参考答案

任务4　碱裂解法小量提取大肠杆菌质粒DNA

任务描述

教学方法	任务驱动	教学模式	理实一体
建议学时	4	教学地点	理实一体化教室

任务要求	利用改进的SDS碱裂解法提取大肠杆菌质粒DNA，并通过NanoDrop检测所提取的质粒DNA浓度及纯度，结合琼脂糖凝胶电泳检测结果，鉴定质粒DNA质量。	质粒DNA的分离纯化方法

学习目标	**知识和技能目标** 1. 掌握质粒小抽的原理，熟悉实验过程中所用的试剂用途； 2. 能够按照要求规范准确地完成质粒小抽的所有步骤； 3. 能够根据检测结果和电泳图谱判断分析抽提产物的质量。	**思政和素养目标** 1. 培养"严格按照SOP操作，真实填写实验记录"的规范意识； 2. 通过人类基因组计划，了解协同合作、资源共享、不断创新的重要性。

任务准备

设备、耗材和试剂	1. 设备：恒温振荡培养箱、NanoDrop、电泳仪、凝胶成像系统、台式高速离心机、1000μL/200μL移液器。 2. 耗材：1.5mL离心管、2mL离心管、移液器吸头、双面板。 3. 试剂：Axygen质粒小提试剂盒、无水乙醇、去离子水。

技术路线

菌体收集 → 重悬细菌 → 菌体裂解 → 中和沉淀

↓

质粒纯度浓度检测及电泳鉴定 ← 洗脱质粒 ← 去除杂质、过柱纯化

任务4 碱裂解法小量提取大肠杆菌质粒 DNA

任务实施		
实施步骤	实施方法	知识充电站
1.菌体收集（离心、重悬）	① 取2mL过夜培养的菌液，12000r/min离心1min，弃去上清液； ② 加入250μL的溶液S1，使用移液器或涡旋振荡器彻底悬浮细菌沉淀；悬浮需均匀，不应有小的菌块，否则会影响裂解，导致提取量和纯度偏低。 **注意：** 按照试剂盒使用说明，在使用前应先确认试剂盒携带的RNA酶（RNase A）已全部加入溶液S1并混合均匀。加入RNA酶的目的是降解掉溶液中的RNA，但此酶稳定性差，应现配现用。	**质粒DNA：** 是存在于染色体或拟核以外的DNA分子，广泛存在于细菌、酵母菌等原核生物中。质粒具有自主复制能力，在子代细胞中也能保持恒定的拷贝数，并且能够表达所携带的遗传信息，是DNA重组技术中的常用载体。质粒DNA多为双链超螺旋、闭合环状结构（cccDNA），大小范围从1kb到200kb以上不等，具有可转移、可重组的特性。 **溶液S1：** 细菌悬浮液，主要包含Tris-HCl、EDTA-2Na和葡萄糖三种组分。Tris-HCl缓冲液的作用是保证反应体系的pH恒定，维持渗透压；EDTA-2Na是一种金属离子螯合剂，可抑制DNA酶的活性，避免DNA被迅速降解；葡萄糖则可以增加溶液黏度，保证菌体悬浮，延缓菌体沉降时间。
2.菌体裂解	加入250μL的溶液S2，充分混合，上下翻转4～6次，使菌体充分裂解，直至形成透亮溶液（图2-4-1）。这一步应在5min内完成。 **注意：** ①溶液S2使用前如有沉淀，37℃水浴加热至澄清即可； ②溶液S2使用完毕后应立即盖紧瓶盖，以免组分中的NaOH与CO_2反应，降低裂解效率； ③混合时应温和，避免剧烈摇晃导致基因组DNA被破坏。 裂解充分，均一透明　　裂解不充分，浑浊 **图2-4-1　裂解菌体**	**碱裂解法：** 是一种应用最为广泛的制备质粒DNA的方法。其基本原理是当细菌菌体在碱性溶液中裂解时，菌体内的蛋白质与DNA发生变性。而加入中和液后，质粒DNA能够迅速复性，呈溶解状态，离心后留在上清液中；蛋白质与基因组DNA则无法复性、呈絮状，离心沉淀可以去除；最后通过洗涤去盐纯化，就能够得到高纯度的质粒DNA。碱裂解法实验过程主要分为细菌的收集和裂解、质粒DNA的分离和纯化两部分。 **溶液S2：** 细菌裂解液，主要成分是NaOH和SDS。NaOH能够通过破坏细胞膜结构起到细胞裂解的作用。SDS的作用是与裂解后细胞内的变性蛋白质结合，形成SDS-多肽复合体，使变性蛋白质能够溶解在溶液中，溶解的变性蛋白质又会与基因组DNA缠绕，有利于下一步的沉淀发生。

080

实施步骤	实施方法	知识充电站
3.中和沉淀、DNA复性	加入350μL的溶液S3，温和并充分上下翻转混合6～8次。12000r/min离心10min。 注意：①溶液S3含有的乙酸易挥发，使用完毕后要立即盖紧瓶盖避免挥发，以免降低中和效率； ②混合时应温和，避免剧烈摇晃导致基因组DNA被破坏。	溶液S3：中和液，主要成分为乙酸和乙酸钾。乙酸可以中和上一步加入的强碱，避免基因组DNA因为长时间处于强碱环境下，结构发生断裂，无法进一步沉淀去除。乙酸钾则可以通过钠钾离子置换反应，将溶于水的SDS变成难溶的PDS。在上一步中，SDS已经与变性蛋白质结合形成复合体，因此加入乙酸钾后，大部分的变性蛋白质和被缠绕的基因组DNA会被一起沉淀下来。通过这样的方式，能够去除溶液中绝大多数的蛋白质和基因组DNA。
4.去除杂质、过柱纯化	① 吸取上清液转移到制备管（置于试剂盒内提供的2mL离心管中），12000r/min离心1min，弃去滤液； ② 将制备管放回离心管，加入500μL的溶液W1，12000r/min离心1min，弃去滤液； ③ 将制备管放回离心管，加入700μL的溶液W2，12000r/min离心1min，弃去滤液； ④ 以同样方式再次加入700μL的溶液W2洗涤一次，弃去滤液。 注意：按照试剂盒使用说明，溶液W2在第一次使用之前，应确认已按试剂瓶上的指定体积加入无水乙醇并混合均匀。	质粒纯化原理（硅基质材料吸附法）：在高盐环境中，盐阳离子打破硅胶负氧根和水之间的氢键，使得整体的硅胶携带正电，正好吸引携带负电的DNA分子。当DNA分子附着在硅胶上时，洗涤液可以将不能与硅胶结合的杂质分子洗掉。 溶液W1：洗涤液，含有异丙醇和SDS等去污剂，能够最大限度去除溶液当中残留的蛋白质和RNA。 溶液W2：去盐液，含有70%～75%乙醇和EDTA。乙醇的作用是洗脱盐离子，使DNA再次溶解于水。EDTA的存在可以抑制DNA酶的活性，防止DNA降解。
5.洗脱质粒	① 将制备管放置回2mL离心管中，12000rpm离心1min，保证残留液体全部去除； ② 将制备管移入新的1.5mL离心管（试剂盒内提供）中，在制备管膜中央加入70μL的洗脱液，室温静置1min，12000r/min离心1min，滤液即是所得质粒DNA。 注意：①溶液W2中含有高浓度乙醇，会影响后续的酶切或测序反应，因此在加入洗脱液前，必须要再次离心，尽量清除掉乙醇； ②加热洗脱液到65℃，可以加速DNA从硅胶膜上脱离速度，提高洗脱效率； ③加入洗脱液时，应加在硅胶膜中心部位，确保洗脱液会完全覆盖硅胶膜的表面，达到最大洗脱效果。此外，为了提高回收效率，可适当加大洗脱液体积及洗脱次数。	洗脱液：Eluention Buffer主要成分为Tris-HCl。其作用是洗脱硅胶膜上的质粒DNA。使用低离子强度的缓冲液或者水，改变高盐环境，使得硅胶膜不再吸附DNA，就可以将DNA洗脱下来。加热过的洗脱液（不超过65℃）可以加快DNA从硅胶膜脱离的速度。

任务 4　碱裂解法小量提取大肠杆菌质粒 DNA

实施步骤	实施方法	知识充电站
6.产物的浓度纯度检测	取1μL提取产物加在NanoDrop检测台上，测定所提质粒DNA的浓度和纯度。检测方法见项目一 任务2。	① 使用NanoDrop检测浓度时，应当以洗脱液作为空白样进行校准； ② 质粒小提获得的质粒DNA浓度通常在 $100\sim200\mu g/\mu L$ 左右； ③ 提取的质粒DNA纯度可以通过 OD_{260}/OD_{280} 和 OD_{260}/OD_{230} 两个比值来判断：OD_{260}/OD_{280} 应当在 $1.8\sim2.0$ 之间，小于1.8说明存在蛋白质或其他有机物污染，大于2.0说明存在RNA污染；OD_{260}/OD_{230} 的比值应当大于2.0，如果小于2.0说明存在盐污染，可以通过70%乙醇洗涤去除。
7.产物的电泳鉴定	取3μL提取产物，电泳鉴定提取的质粒DNA，用检测胶（琼脂糖浓度为1.2%）。检测方法详见项目一 任务1。	由碱裂解法提取的质粒在琼脂糖凝胶电泳鉴定时，理想状况是只出现一条条带，即双链环状结构完整的超螺旋质粒cccDNA（如图2-4-2A），但在质粒提取过程中，由于机械力、溶液酸碱度、试剂等原因，质粒DNA会发生断裂，可能会出现两条带或者三条带，按照电泳迁移速度从快到慢，依次是超螺旋质粒、线性质粒（LDNA，质粒DNA两条链均断裂线性化，电泳速度较慢）和开环质粒（ocDNA，双链环状的质粒DNA有部分解链，结构松弛，电泳迁移速度最慢），如图2-4-2B。如果加入溶液S2后混合过度剧烈，导致基因组DNA断裂，电泳时也可看到大肠杆菌基因组DNA的片段条带。 图 2-4-2　质粒 DNA 电泳预期结果
实验操作演示视频		 碱裂解法抽提质粒DNA

思政微课堂8

人类基因组计划

【事件】

1985年5月由美国科学家首次提出"人类基因组计划"(Human Genome Project,HGP),也称人类基因图谱工程。1990年10月正式启动,来自美国、英国、法国、德国、日本、中国的2000多名科学家共同参与这项预算经费高达30亿美元、规模宏大、跨国跨学科的科学探索工程,其宗旨在于对组成人类染色体中所包含的30亿个碱基对组成的核苷酸进行序列测定、绘制得到人类基因组图谱,最终达到破译人类遗传信息的目的,被誉为生命科学的"登月计划"。

1998年,由国家科技部批准,在北京成立了"国家人类基因组北方研究中心",在上海组建了"上海人类基因组研究中心"(国家人类基因组南方研究中心)。1999年7月在国际人类基因组注册,承担人类基因组计划"中国部分",负责完成人类3号染色体短臂上一个区间约3000万个碱基对的测序任务,该区间约占人类整个基因组的1%(故称1%计划)。

2000年6月26日,参加人类基因组工程项目的六国科学家共同宣布,人类基因组草图的绘制工作已经完成,这被认为是人类基因组计划成功的里程碑。2003年4月14日,人类基因组计划的测序工作宣告完成,首次绘制出了人类基因组图谱。

"人类基因组计划"描绘出生命的蓝图,有助于人类从基因入手揭开生命的奥秘,最终解读"生命天书",认识生命本质。"人类基因组序列图"的建立,能更完整、更深入地描述人体的构成和运转情况以及可能发生的故障和消除故障的办法,从而使医学走向以基因检测、诊断、预防、治疗为主的基因医学的新时代。"人类基因组计划"使基因产业成为21世纪经济最有活力的生长点。一个基因就是一个产业,它的巨额经济效益正吸引着大批投资商,由此已兴起并将兴起更多的基因组产业,其潜力巨大。正如比尔·盖茨所说,下一个创造出更大财富的人将出现在基因领域。

【启示】

1. 奉献精神。人类基因组计划汇集了多个国家、多种学科背景以及不同资历的上千名研究人员,最终能够获得成功,得益于组内成员甘愿放弃个人成就以达成共同利益的意愿。

2. 数据开放共享。人类基因组计划改变了生物医学研究中数据分享的旧例。人们愿意尽早将基因序列数据提交到一个公共数据库实现共享,更好地推动科学进程。

3. 优先技术发展。人类基因组计划颠覆了先有科学发现再有技术发明的单向关系。正是有了DNA测序技术的进步和工具的发展,才使基因组科学有如此惊人的突破性发展,实现了技术发明对科学发现的推动。

4. 创新科研模式。人类基因组计划从根本上引发了研究方式的革命,不再以个人假设来驱动研究方向,而是形成以大人群和海量样本、数据为基础而展开研究的新型科研模式。

【思考】

1. 谈谈人类基因组计划对生物医药产业的贡献。
2. 人类基因组计划可能会带来哪些负面效应?

任务 4　碱裂解法小量提取大肠杆菌质粒 DNA

扩展学习

质粒抽提常用方法及试剂盒选择

1. 质粒提取常用的三种方法及原理

质粒提取主要有碱裂解法，煮沸裂解法，小量一步提取法等。

（1）碱裂解法　根据共价闭合环状 DNA 与线性 DNA 的拓扑学结构差异来分离的。在强碱环境下，细菌的细胞壁和细胞膜被破坏，基因组 DNA 和质粒 DNA 被释放出来，线性 DNA 双螺旋结构被破坏而发生变性。虽然在强碱的条件下共价闭合环状质粒 DNA 也会发生变性，但两条互补链仍会互相盘绕，并紧密地结合在一起。当加入 pH4.8 的乙醋酸钾高盐缓冲液使 pH 恢复中性时，共价闭合环状质粒 DNA 复性快，而线性的染色体 DNA 复性缓慢，细菌蛋白质、破裂的细胞壁和变性的染色体 DNA 会相互缠绕成大型复合物，后者被十二烷基硫酸盐包盖。当用钾离子取代钠离子时，复合物会从溶液中有效地沉淀下来，离心除去变性剂后，就可以从上清中回收复性的质粒 DNA。碱裂解法操作简单，所得质粒量较多且污染少，但实验花费的时间较长。

（2）煮沸法　将细菌悬浮于含 Triton X-100 和能消化细胞壁的溶菌酶缓冲液中，然后加热到 100℃使其裂解。加热除了破坏细胞壁外，还有助于解开 DNA 链的碱基配对，并使蛋白质和染色体 DNA 变性。但是，闭环质粒 DNA 彼此不会分离，这是因为他们的磷酸二酯骨架具有互相缠绕的拓扑结构，当温度下降后，闭环 DNA 的碱基又各自就位，形成超螺旋分子，离心除去变性的染色体核蛋白质，就可从上清中回收质粒 DNA。煮沸裂解法对于小于 15kb 的小质粒很有效，可用于提取少至 1mL（小量制备），多至 250mL（大量制备）菌液的质粒，并且对大多数的大肠杆菌菌株都适用。煮沸法实验时间短，操作简单；但操作条件过于剧烈，易造成质粒断裂，回收率较低。

（3）小量一步提取法　由于细菌染色体 DNA 比质粒大得多，受机械力后，细菌染色体 DNA 会被震断成不同大小的线性片段，缠绕附着在细胞碎片上，并发生变性。同样受机械力的质粒 DNA 也会变性，但机械力消失后又能复性。因此在同样受到机械力之后，质粒 DNA 的复性快，而仍溶于溶液而细菌染色体 DNA 复性较慢，会形成不溶的网状结构，因此通过高速离心可以分离得到质粒 DNA。

2. 质粒提取方法的选择

① 质粒 DNA 的分子大于 15kb 时，在质粒抽提过程中容易受损，可以采用比较温和的裂解方法，将细菌悬浮于等渗的葡萄糖溶液中，加入溶菌酶和 EDTA 破坏细胞壁和细胞膜，这样可以缓解高渗透压的细菌在释放质粒 DNA 时的压力，保护质粒 DNA。

085

任务4　碱裂解法小量提取大肠杆菌质粒DNA

② 小分子的质粒DNA可以选用相对剧烈的方法来分离DNA。可以用煮沸法，碱裂解法或者加入溶菌酶，EDTA和去垢剂裂解细菌。这些方法会使DNA变性，但两条互补链仍会互相盘绕，并紧密的结合在一起，在恢复正常条件后，DNA便会复性。

③ 对于那些经变性剂、溶菌酶及加热处理后能释放大量碳水化合物的大肠杆菌菌株，则不推荐使用煮沸法。而这些碳水化合物在密度梯度中会紧靠超螺旋的DNA分子形成致密模糊的区带，因此很难避免，而这些碳水化合物可抑制多种限制酶的活性。这类菌株制备质粒时，不宜采用煮沸法。

④ 菌株含有限制性核酸内切酶A的不宜使用煮沸法。因为煮沸不能使内切酶A完全失活，在后续实验中再用限制性内切酶消化时，质粒DNA会被降解。此时必须用酚/氯仿进行抽提。

3. 质粒抽提试剂盒的分类

质粒抽提按得到质粒DNA的量可分为小提、中提、大提。

① 质粒小提用的菌液量很少，一般1～5mL，提出的质粒DNA量较少，其特点是简便、快速，能同时处理大量试样，所得DNA有一定纯度，此质粒DNA可直接用于DNA序列分析，各种酶促反应，PCR以及部分细胞系的转染等对质粒浓度要求不高的实验。维真生物采用高通量小提试剂盒，从1mL菌液中提取质粒，用90μL洗脱液洗脱得到的质粒浓度为100～200ng/μL，可以满足大部分实验要求，也可以直接用于一般的腺病毒包装。

② 质粒中提得到的质粒DNA的量介于小提跟大提之间，一般用30～50mL菌液提取，提取的质粒可用于包括酶切、PCR、测序、连接、转化、文库筛选、体外翻译、转染一些常规的传代细胞等。从50mL菌液中提取质粒可得到500μL浓度为0.7～1μg/μL的质粒。

③ 质粒大提是质粒大量提取的简称，有些实验室称之为大抽。质粒大提用于大量菌液的提取，100～500mL均可，大规模地从细菌中将扩增的质粒提取出来。一般的大提质粒试剂盒都是使用纯化柱，提取出来的质粒纯度高，杂质少，无内毒素，一般用于细胞的转染等对质粒纯度高的实验。从200mL菌液中提取质粒，1000μL洗脱液洗脱后得到的质粒浓度为0.5～2μg/μL。慢病毒、腺相关病毒（AAV）包装一般使用大提试剂盒进行抽提，以保证高滴度及稳定的质量。

注意：在一个细菌细胞中只有5个以下的相同质粒时，该质粒是低拷贝质粒；当在一个细菌细胞中可以有几百个相同质粒时则该质粒是高拷贝质粒。低拷贝质粒在等量的菌体中的数量远低于高拷贝质粒，因此用等量菌体提取质粒时，提取的低拷贝质粒的浓度会很低。维真生物的过表达载体是低拷贝质粒，对于此类质粒载体，若需要大量质粒或者小提质粒的实验效果不好时，则需要加大提取的菌体量，可进行质粒中提或者大提，另外，使用去内毒素的试剂盒抽提质粒时，也会降低最终得到质粒的浓度。

任务 4　碱裂解法小量提取大肠杆菌质粒 DNA

工作任务单

任务名称					
姓名		班级		日期	

质粒DNA信息

质粒来源细菌	

所需材料与试剂

□ 1.5mL 离心管＿＿＿＿＿＿支
□ 2mL 离心管＿＿＿＿＿＿支
□ 800μL 制备管＿＿＿＿＿＿支
□ 20 ～ 200μL 移液器＿＿＿＿＿＿支
□ 0.5 ～ 10μL 移液器＿＿＿＿＿＿支

□ RNase A　　　　　□ Buffer W1
□ Buffer S1　　　　□ Buffer W2
□ Buffer S2　　　　□ Elution Buffer
□ Buffer S3　　　　□ 无水乙醇

工作过程记录

1.实验前准备	溶液 S1 添加 RNA 酶 溶液 W2 添加无水乙醇	无水乙醇添加体积：＿＿＿＿＿＿＿＿
2.菌体收集	菌液离心后弃去上清，添加溶液 S1 悬浮混合	菌液体积：＿＿＿＿＿＿＿＿ 离心转速：＿＿＿＿＿＿＿＿ 离心时长：＿＿＿＿＿＿＿＿ 溶液 S1 添加体积：＿＿＿＿＿＿＿＿
3.菌体裂解	添加溶液 S2 并充分混合	溶液 S2 添加体积：＿＿＿＿＿＿＿＿ 混合时间：＿＿＿＿＿＿＿＿ 混合时应注意：＿＿＿＿＿＿＿＿
4.中和沉淀	添加溶液 S3，混合后离心	溶液 S3 添加体积：＿＿＿＿＿＿＿＿ 混合翻转次数：＿＿＿＿＿＿＿＿ 离心转速：＿＿＿＿＿＿＿＿ 离心时长：＿＿＿＿＿＿＿＿
5.去除杂质、过柱纯化	将上清液转入制备管，多次过柱离心	第一次离心 离心转速：＿＿＿＿＿＿＿＿ 离心时长：＿＿＿＿＿＿＿＿ 第二次离心 溶液 W1 添加体积：＿＿＿＿＿＿＿＿ 离心转速：＿＿＿＿＿＿＿＿ 离心时长：＿＿＿＿＿＿＿＿ 第三次离心 溶液 W2 添加体积：＿＿＿＿＿＿＿＿ 离心转速：＿＿＿＿＿＿＿＿ 离心时长：＿＿＿＿＿＿＿＿ 第四次离心 溶液 W2 添加体积：＿＿＿＿＿＿＿＿ 离心转速：＿＿＿＿＿＿＿＿ 离心时长：＿＿＿＿＿＿＿＿

任务 4　碱裂解法小量提取大肠杆菌质粒 DNA

6.质粒洗脱	将制备管放入一个新的1.5mL离心管中，在制备管膜中央加入洗脱液，室温静置1min，离心，滤液即为提取产物	洗脱液添加体积：＿＿＿＿＿＿＿＿ 离心转速：＿＿＿＿＿＿＿＿＿ 离心时长：＿＿＿＿＿＿＿＿＿
7.产物浓度纯度检测结果	质粒的浓度：＿＿＿＿＿＿＿＿＿ $OD_{260}/OD_{280}=$ ＿＿＿＿＿＿＿＿ $OD_{260}/OD_{230}=$ ＿＿＿＿＿＿＿＿	
8.产物电泳鉴定结果	电泳图：	

教师考核			
考核内容	考核指标	配分	得分
实验过程（40%）	操作规范性	20	
	NanoDrop检测操作熟练度	10	
	电泳检测操作熟练度	10	
结果（60%）	质粒纯度	20	
	质粒浓度	20	
	电泳鉴定结果	20	
总体评价			
考核人签字		总分	

任务检测

姓名＿＿＿＿＿＿　　班级＿＿＿＿＿＿　　成绩＿＿＿＿＿＿

一、选择题（每题3分，共30分）

1. 应用NanoDrop测定DNA含量时，选用的波长是（　　）。

　　A. 260nm　　　　　　B. 280nm　　　　　　C. 230nm　　　　　　D. 660nm

2. 基因工程中使用最为广泛的基因载体是（　　）。

　　A. 质粒　　　　　　B. 黏粒　　　　　　C. 噬菌体　　　　　　D. 病毒

3. 质粒DNA提取分离中，Buffer S1的作用是（　　）。

　　A. 裂解菌体，使DNA分子变性　　　　　　B. 悬浮菌体，稳定菌体性质

　　C. 中和碱性，使DNA分子复性　　　　　　D. 去除杂蛋白

4. 在基因工程中，通常使用的质粒存在于（　　）。

　　A. 细菌染色体　　　B. 酵母染色体　　　C. 细菌染色体外　　　D. 以上都不是

5. 常用的小量制备质粒DNA的方法不包括（　　）。

　　A. 煮沸法　　　　　B. 碱裂解法　　　　　C. 去污剂法　　　　　D. 层析法

6. 制备的质粒DNA在琼脂糖凝胶电泳时，通常以三条带形式出现，不包括下列哪种？（　　）。

　　A. 线性　　　　　　B. 开环　　　　　　C. 闭环超螺旋　　　　D. 单链DNA

7. 质粒DNA提取分离中，Buffer S2的作用是（　　）。

　　A. 裂解菌体，使DNA分子变性　　　　　　B. 悬浮菌体，稳定菌体性质

　　C. 中和碱性，使DNA分子复性　　　　　　D. 去除杂蛋白

8. 碱裂解法分离提取质粒DNA的基本原理是（　　）。

　　A. 碱性条件下染色体DNA变性，去除变性条件后可复性；而质粒DNA则相反

　　B. 碱性条件下质粒DNA变性，去除变性条件后可复性；而染色体DNA则相反

　　C. 碱性条件下染色体DNA和质粒DNA变性，除去变性条件后，二者均可复性

　　D. 碱性条件下染色体DNA和质粒DNA变性，去除变性条件后，二者均不可复性

9. 在质粒提取实验中，Buffer S3处理后，离心进行分离，质粒DNA存在于（　　）。

　　A. 上清液　　　　　B. 沉淀　　　　　　C. 中间层　　　　　　D. 吸附柱

10. 质粒DNA在琼脂糖凝胶电泳其迁移率按照从大到小的顺序排列，正确的是（　　）。

　　A. 线性DNA＞闭环DNA＞超螺旋DNA

　　B. 闭环DNA＞线性DNA＞超螺旋DNA

　　C. 超螺旋DNA＞闭环DNA＞线性DNA

　　D. 超螺旋DNA＞线性DNA＞闭环DNA

任务 4　碱裂解法小量提取大肠杆菌质粒 DNA

二、判断题（每题2分，共20分）

1. 质粒是一种单链环状的 DNA 分子。（　　）
2. 质粒含有复制起始点。（　　）
3. 一般情况下，质粒既可以整合到染色体上，也可以独立存在。（　　）
4. 碱法和煮沸法分离质粒 DNA 的原理是不同的。（　　）
5. 质粒 DNA 在琼脂糖凝胶电泳时，泳动速度最快的是超螺旋质粒 DNA。（　　）
6. 有 a、b、c 三个质粒，因为 a 和 b 能够共存于一个细胞，a 和 c 也可以共存于一个细胞，因此 b 和 c 一定能共存于同一个细胞。（　　）
7. 质粒提取碱裂解法中加入无水乙醇目的是除去蛋白质。（　　）
8. 质粒 DNA 可分为紧密型 DNA 和松弛型 DNA。（　　）
9. 细菌裂解液 Buffer S1 在加入 RNA 酶 A 之后可以室温保存。（　　）
10. 制备管里的质粒 DNA 洗涤干净后，为节省时间可直接加入 W2 进行洗脱。（　　）

三、简答题（每题10分，共50分）

1. 碱裂解细胞抽提质粒的基本原理是什么？
2. 质粒抽提中溶液 S1、S2、S3 的作用是什么？
3. 电泳检测提取的质粒时会看到三条带，这三条带分别代表了什么？
4. 一般质粒 DNA 的构型有哪几种？在琼脂糖凝胶电泳中的有何特点？
5. 用 NanoDrop 检测所提质粒时，如何判断提取纯度？

参考答案

任务5　碱裂解法大量提取大肠杆菌质粒DNA

任务描述			
教学方法	任务驱动	教学模式	理实一体
建议学时	4	教学地点	理实一体化教室
任务要求	利用改进的SDS碱裂解法从100mL过夜培养的菌液中提取质粒DNA，纯化后用NanoDrop检测所提取的质粒DNA浓度及纯度并分析结果。		
学习目标	知识和技能目标		思政和素养目标
	1. 掌握质粒大提的原理，了解去除细菌内毒素的方法； 2. 能够按照要求完成质粒大抽的所有步骤； 3. 能够根据检测结果判断分析抽提产物的质量。		1. 质粒大抽时间长步骤繁琐，要具备专注力和耐心； 2. 通过国产创新药纳入医保的事件，明白生物技术创新是国家综合实力的重要组成部分，强化科技兴国的责任担当。

任务准备	
设备、耗材和试剂	1. 设备：恒温振荡培养箱、NanoDrop、涡旋振荡器、超净工作台、台式高速离心机、5mL/1mL移液器。 2. 耗材：500mL离心瓶、50mL离心管、2mL离心管、移液器吸头、双面板。 3. 试剂：LB液体培养基、异丙醇、无水乙醇、Axygen DP117质粒大提试剂盒（离心柱型）、去离子水。

技术路线
菌体收集 → 细菌重悬 → 菌体裂解 → 中和沉淀 ↓ 去除杂质、过柱纯化 → 质粒洗脱 → 质粒纯度浓度检测

任务5　碱裂解法大量提取大肠杆菌质粒DNA

	任务实施	
实施步骤	实施方法	知识充电站
1.摇菌培养	挑取新鲜的菌落克隆至含有4mL LB培养基的单管中，培养到对数期或对数后期后转接到含100mL LB液体培养基的三角瓶中（培养基的量可根据所要抽提质粒的量调整）。37℃，200r/min培养过夜。	**质粒大提**：是质粒大量提取的简称，提取原理也是采用碱裂解法，把大量菌液中的质粒DNA提取出来。质粒大提可一次性提取100～500mL的菌液质粒，且提取出来的质粒纯度高，杂质少，无内毒素，适用于细胞转染等对质粒纯度要求高的实验。一般从100mL菌液中可以提取出约500～1500μg的质粒。
2.菌体收集（离心、重悬）	① 取100mL（高拷贝数质粒）或200mL（低拷贝数质粒）过夜培养的菌液分装至两个离心瓶中，6000r/min室温离心4min，弃去上清液，离心瓶倒扣在吸水纸上片刻，尽量将上清液去除干净； 　　② 在留有菌体沉淀的离心瓶中加入10mL溶液P1，用移液器将沉淀吹打1min，使菌体全部悬浮均匀。 　　**注意**：①溶液P1在使用前应按照试剂盒说明，加入盒内携带的RNA酶（RNase A）并混合均匀。加入RNA酶后能够降解溶液中的RNA，但此酶稳定性差，应现配现用； 　　②在悬浮沉淀时，可用涡旋仪振荡。	**质粒的拷贝数**：是指每个细菌/细胞内质粒的个数，决定了最终能获得的质粒的量。实际上，每个细菌中的质粒的拷贝数主要决定于质粒本身的复制特性。按照复制性质，可以把质粒分为两类：严紧型质粒，染色体复制一次则质粒复制一次，每个细菌内只含有1～2个质粒，也被称为低拷贝数质粒；松弛型质粒，染色体复制停止后质粒能继续复制，每个细菌内可含10～100个拷贝，又称为高拷贝数质粒。 　　**溶液P1**为细菌悬浮液，组成和作用与质粒小提中的溶液S1相同。
3.细菌裂解	向离心瓶加入10mL的溶液P2，立即温和地上下翻转6～8次，使菌体充分裂解，直至形成透亮溶液，室温放置5min。 　　**注意**：① 溶液P2使用前如有结晶或沉淀，37℃水浴加热至澄清即可； 　　② 溶液P2使用完毕后应立即盖紧瓶盖，避免溶液中的NaOH与CO_2反应影响裂解效率； 　　③ 混合时应温和，避免剧烈摇晃导致基因组DNA被破坏。	在进行菌体/细胞裂解时，常用以下几种方法：①**碱裂解法**。通过NaOH使细胞膜由脂双层结构向囊泡化转变，从而使细胞裂解。但此法使用时应注意裂解时间，DNA长时间处于强碱环境中容易引起结构断裂。②**去污剂法**。SDS是一种阴离子去污剂，能够促进细胞膜的崩解，引起蛋白质变性沉淀，释放核酸进入溶液，常用于核酸的提取。③**反复冻融法**。将细胞在-20℃以下冰冻，室温融解，反复几次，由于细胞内冰粒形成、剩余细胞液盐浓度增高引起细胞溶胀破碎。④**超声波处理法**。使用一定功率的超声处理细胞悬液，使细胞急剧振荡破裂。超声处理法多用于微生物材料，例如用大肠杆菌制备各种酶时，可选用超声破碎菌体。但此法在处理过程会产生大量的热，应采取相应降温措施。对超声波敏感的物质以及核酸应慎用。

092

任务 5　碱裂解法大量提取大肠杆菌质粒 DNA

实施步骤	实施方法	知识充电站
4.中和沉淀	① 向离心瓶中加入 10mL 的溶液 P4，立即温和地上下翻转混合 6 ～ 8 次，充分混匀，至溶液出现白色分散絮状沉淀，然后室温放置 10min 左右； ② 10000r/min 室温离心 45min，使白色沉淀全部离至管底； ③ 将全部上清液小心转移到过滤器 CS1 中，慢慢推动推柄过滤，至 CS1 中无明显液面，滤液收集到干净的 50mL 离心管中。 注意：① 使用前检查溶液 P4，如果出现结晶或沉淀，可 37℃水浴加热几分钟使之恢复澄清。使用完毕后应立即盖紧瓶盖，避免组分中的乙酸挥发，降低中和效率； ② 倒入溶液 P4 后应立即翻转混匀，避免产生局部沉淀； ③ 使用过滤器时，请小心缓慢将推柄从过滤管中抽出，避免滤膜因压力变化松动。	质粒提取过滤器是一个专为过滤细菌裂解液而设计的装置，通过活塞加压，能够快速地过滤细菌裂解液，将离心后溶液中残留的蛋白质等杂质分子去除，便于后续的质粒提取操作。
5.柱平衡预处理	向吸附柱 CP6 中（吸附柱放入 50mL 收集管中）加入 3mL 的平衡液 BL，8000r/min 离心 2min，倒掉管中废液，将吸附柱重新放回收集管中。 注意：①使用前检查平衡液 BL，如果出现结晶或沉淀，可 37℃水浴加热几分钟使之恢复澄清； ②用平衡液处理过的吸附柱最好立即使用，放置时间过长会影响使用效果。	平衡液 BL：包含 NaCl、MOPS、异丙醇和 TritonX-100。对吸附柱进行预处理后，可以最大限度激活硅胶膜，提高得率。
6.过柱吸附	① 向第 4 步过滤得到的滤液中加入 0.3 倍滤液体积的异丙醇，上下颠倒混匀后转移到吸附柱 CP6 中，吸附柱放入 50mL 收集管中，每个 CP6 加入的体积不超过 8mL； ② 室温 8000r/min 离心 2min，倒掉收集管中的废液，将吸附柱 CP6 重新放回收集管中。	① 溶液通过预处理的吸附柱，质粒 DNA 会特异性结合在硅胶膜上，而降解后的 RNA、蛋白质等杂质分子不会与之结合，可以随液体流出； ② 异丙醇中—OH 的亲水性强于 DNA 中的亲水基团，原先跟 DNA 结合的水被异丙醇夺取，导致 DNA 被沉淀出来。
7.过柱漂洗、去除杂质	① 向吸附柱 CP6 中加入 8mL 漂洗液 PW，8000r/min 离心 2min，倒掉收集管中的废液，将吸附柱重新放回收集管中； ② 重复上一步操作，再次用漂洗液 PW 洗涤一次；	大量提取的质粒 DNA 进一步纯化时，常用硅基质材料吸附法、乙醇沉淀法和离子交换法。 ① 硅基质材料吸附法详见项目二 任务 4 "知识充电站" 内容。

任务5 碱裂解法大量提取大肠杆菌质粒DNA

实施步骤	实施方法	知识充电站
7.过柱漂洗、去除杂质	③ 向吸附柱CP6中加入3mL无水乙醇，8000r/min离心2min，弃掉收集管中的废液； ④ 将吸附柱重新放回收集管中，8000r/min离心5min，然后室温放置15min，等待无水乙醇全部挥发。 注意：① 漂洗液PW使用前应按照试剂盒说明，加入规定体积的无水乙醇并做好标记； ② 残留的无水乙醇会影响后续酶促反应实验，应将吸附柱开盖，在室温放置足够长的时间，让无水乙醇彻底挥发。	② 乙醇沉淀法是在盐溶液中添加乙醇以分离DNA的方法。原理是DNA在溶液中以水合状态稳定存在，当加入乙醇时，乙醇会夺取DNA周围的水分子，使DNA失水聚合沉淀。但使用乙醇沉淀后，残留的乙醇会影响后续实验，应等待乙醇彻底挥发后再继续进行。 ③ 离子交换法：菌体裂解中和后，溶液中的DNA在特定条件下可以与离子交换树脂上的阴离子进行交换，吸附在柱上，通过漂洗步骤去除盐、蛋白质等其他杂质后再洗脱，能够得到高纯度的质粒DNA。
8.洗脱DNA	① 将吸附柱CP6置于一个干净的50mL收集管中，向吸附膜的中间部位悬空滴加600～700μL洗脱液TB，室温放置5min； ② 室温8000r/min离心4min，将收集管中的洗脱液全部转入一个干净的2mL离心管中（为了增加质粒回收率，可将得到的溶液再次加入吸附柱，重复此步骤一次）。 注意：可用去离子水代替洗脱液TB进行质粒洗脱，此时应提前将去离子水65～70℃水浴预热处理，提高质粒回收效率。	影响质粒产物得率的因素：①宿主菌：有些质粒本身不能在某些菌种中稳定存在，多次摇菌后可能会丢失，导致质粒提取失败；②质粒：某些质粒属于中低拷贝数质粒，本身表达量低，导致质粒提取量很少；③提取操作：质粒提取过程中，如果出现菌体裂解不充分、质粒未全部溶解、洗脱液体积太小、pH值过低、洗脱液没有添加在硅胶膜中心部位等问题，都会导致质粒提不出或得率较低的结果。
9.产物浓度和纯度检测	将提取产物取1μL加在NanoDrop检测台上，测定所提DNA浓度和纯度。检测方法见项目一 任务2。	影响质粒产物纯度的因素：①提取产物中混有蛋白质时，说明使用的菌体量过大，P1、P2、P3溶液处理并离心后溶液中仍存在微小蛋白悬浮物。应再次离心、彻底去除后再进行下一步；②提取产物中混有RNA时，除了减少菌体用量外，还应检查添加了RNA酶的溶液P1保存时间，如果已经保存6个月以上，RNA酶可能已经降解，应当重新添加；③提取产物中混有基因组DNA时，说明操作过程中，加入P2和P3溶液后混合手法有误，如果进行剧烈振荡，可能会使基因组DNA断裂成片段，混杂在质粒中。
10.提取产物保存	将提取的质粒DNA溶于TE缓冲液中，4℃或-20℃保存备用。	① 纯化的DNA应保存在-20℃或-70℃弱碱环境中（pH=8.0的TE缓冲液）。 ② 保存时，核酸溶液如已经稀释，应分装储存，取用时仅融解一次、一次用完，避免反复冻融造成的DNA沉淀，或者核酸吸附在试管壁上引起溶液中核酸浓度下降；也可直接将提取的DNA制成冻干粉，按需取用。

思政微课堂9

让老百姓用得上、用得起更多创新药

【事件】

国家医保局于2021年12月3日公布2021年国家医保药品目录调整结果。此前关注颇高的"七十万一针"天价药诺西那生钠、PD-1、PARP等多个热门靶点药品，还有乙肝、丙肝与艾滋病新药等多个药品谈判成功，此外本土创新药企多个产品也成功被纳入医保。

创新药纳入医保，让创新药具有更大的可及性，使更多患者能够用得上药，是广大创新药企和制药人践行"以人民为中心"理念的举措，也是医疗领域全体医药人的使命和责任担当。近年来，国家多次调整医保目录，以提高群众医疗保障待遇。通过进一步优化药品结构，提高用药保障的质量和水平，减轻广大人民群众药品费用负担，提升医保资金的使用效益，进一步促进了医药产业的创新发展。

我国高度重视医药创新。近年来，个性化药物和精准医学、生物大数据和人工智能、基因编辑技术、癌症免疫疗法、CAR-T细胞治疗、蛋白激酶靶标等新技术研究热点不断涌现。2008年开始实施的"重大新药创制"国家科技重大专项，从创新药物研究、大品种改造、平台建设、孵化基地培育、关键技术攻关等方面进行布局，基本形成了大企业、大基地、大平台、大临床、大生态、大基金"六大支撑"和产业链、空间链、创新链、服务链、人才链和政策链"六链协同"，推动了我国创新药物研发和技术平台体系建设，产生了一批重要成果。自2015年以来，创新药物的政策环境不断优化，创新活力不断释放。尤其在抗击新冠肺炎疫情斗争中，我国生物医药企业从检测试剂开发到预防疫苗生产，展现出强大的科研实力和勇担重任的使命感，对打赢疫情防控阻击战、攻坚战发挥了重要作用。面向"十四五"和"后疫情"时期的新形势、新任务，我国新药研究正以创新驱动生物医药新跨越，向着研制"同类第一"或"同类最优"的创新药目标努力奋进。到2035年，我国必将有一批生物医药企业进入全球制药企业20强，为我国广大人民健康保驾护航，为应对重大生物安全和疫情防控保驾护航。

【启示】

1. 生物医药产业具有高技术门槛、高附加值、高利润等特点，也必将是大国在高科技领域竞争的重点领域。中国医药已经进入创新的时代，快速迈向原创新药开发模式，从技术、人才和供应链上加快解决"卡脖子"问题，是实现"医药强国"的关键。

2. 新型冠状病毒肺炎疫情的全球流行与防控，再次证明生物技术创新是维护国家安全、应对新发突发重大传染病的根本保障，医药创新能力是国家综合实力的重要组成部分和强国要素，是一个地区乃至一个国家至关重要的"硬实力"。

【思考】

1. 谈谈对"药物是为人类而生产"的认识。
2. 如何做一名新时代创新型医药人？

扩展学习

细菌内毒素

内毒素的去除是做蛋白表达和质粒提取时至关重要的一步，同时也是非常棘手的问题。

1. 内毒素的危害

内毒素是革兰氏阴性细菌细胞壁中的脂多糖。内毒素只有当细菌死亡溶解或用人工方法破坏细菌细胞后才释放出来，所以叫做内毒素。它的危害主要在于进入人体后，会引起热原反应。热原是指注入机体后能引起人体体温异常升高的致热物质。主要是指细菌性热原，包含某些微生物的代谢产物、细菌尸体及内毒素。一般可以认为：细菌内毒素是热原，但热原不等于细菌内毒素。药品中的热原主要是细菌内毒素。

2. 细菌内毒素的理化性质

① 耐热性：彻底灭活需250℃高温干烤1h。

② 水溶性：可溶于水，生产中可用无热原水冲洗以除去热原。

③ 不挥发性。

④ 可被吸附：可被活性炭吸附。

⑤ 可被酸碱破坏：0.1mol/L HCl 或 0.1mol/L NaOH 浸泡4h。

⑥ 可被氧化剂破坏：30% 双氧水浸泡4h，可完全破坏。

3. 内毒素的去除方法

① 器皿中内毒素的去除分为干热法和化学降解法两种。干热法适用于耐热物品如玻璃制品、金属制品等生产过程中所用的容器，处理方法为在180℃加热3～4h或250℃30min～2h；化学降解法主要用于去除玻璃、塑料和其他高分子材料器皿上的内毒素。处理方法为常用3～5% 双氧水、重铬酸钾硫酸清洁液（重铬酸钾：硫酸：水常用配比1：1：10或1：2：8）、0.1mol/L HCl 或 0.1mol/L NaOH 浸泡去除。一般处理4h以上。

② 对于溶液中内毒素的去除，可分为液相分离法、分子筛法、离子交换色谱法、亲和色谱法、超滤法、吸附法和蒸馏法等，其原理和优缺点如表2-5-1。

任务 5 碱裂解法大量提取大肠杆菌质粒 DNA

表 2-5-1 去除溶液中的内毒素方法原理及其优缺点

方法	原理	优点	缺点
液相分离法	一些去污剂，如 Triton X-114, 脱氧胆酸钠能够和内毒素的脂质部分结合，通过液相分离的方法萃取内毒素从而使后者有效地去除	对内毒素的去除率高，且不影响有效成分的活性。该法简单高效、价格低廉、适合大规模应用，在我们日常的蛋白纯化中较为常用	去内毒素后的样品会有微量去污剂的残留
分子筛法	分子筛是利用凝胶的网状结构，根据分子大小进行分离的一种方法。由于蛋白质和内毒素的分子量有较大差别，因此利用分子筛可以有效去除内毒素	去除效果明显	每次处理量小，处理时间较长
超滤法	由于内毒素具有较大的相对分子质量，因此可选用超滤膜去除溶液中的内毒素	操作简单，处理量大	操作过程中的压力较高。不适合含有较大相对分子质量成分的样品，会降低产品收率
吸附法	活性炭用于去除内毒素是由于内毒素的相对分子质量较大。适合于组分较为简单的小分子的溶液中或水中去除内毒素。活性炭常用量为 0.1% ~ 0.5%	成本低，处理量大	活性炭的选择性较差，易吸附有效成分，纯化后溶液中的残余不易去除，且可能造成样品重金属污染，目前很少使用
蒸馏法	此方法可用于生产去热原水，作为注射用水或洗涤水	去除效果明显	成本较高
离子交换色谱法	当溶液 pH ＞ 2 时，内毒素带有负电荷。因此内毒素与阴离子交换介质 Q 或阴离子交换层析（DEAE Sepharose Fast Flow）填料有较强结合。柱上的内毒素可在洗脱目标蛋白后用高盐缓冲液或 NaOH 去除	成本低，吸附容量大	但不适合于溶液中存在其他带负电荷物质的情况
亲和色谱法	将适当的配基固载于色谱基质上合成出亲和介质，使它特异性结合内毒素。多粘菌素 B（PMB）偶联于粒子交换剂（Sepharose FF）上，以此介质特异性吸附内毒素	高效能、高选择性	相对成本较高

但是，各种去内毒素的方法不是孤立的，可以相互结合使用。比如，如果液相分离法得到的蛋白内毒素水平未达标，可以接着利用分子筛法进一步去除内毒素。

任务 5　碱裂解法大量提取大肠杆菌质粒 DNA

工作任务单					
日期		质粒名称		操作人	

<table>
<tr><td colspan="6" align="center">操作记录</td></tr>
<tr><td>序号</td><td>步骤</td><td>操作指导（示例）</td><td>结果记录</td><td>备注</td></tr>
<tr>
<td>1</td>
<td>摇菌培养</td>
<td>接种比例1:1000，37℃ 200r/min振荡培养14～16h，培养基体积（400mL）不超过容器最大体积的1/5</td>
<td>体积：_____
温度：_____
开始时间：_____
结束时间：_____</td>
<td></td>
</tr>
<tr>
<td>2</td>
<td>离心收集菌体</td>
<td>6000r/min 室温离心15min，每个200mL的菌液收集到一个50mL离心管中，称量配平</td>
<td>离心转速：_____
离心时长：_____
离心温度：_____
每管质量：_____</td>
<td></td>
</tr>
<tr>
<td>3</td>
<td>重悬菌体</td>
<td>每个离心管中加入10mL P1，重悬一定要充分，1min左右</td>
<td>RNA酶是否已加入P1：_____
P1添加体积：_____</td>
<td></td>
</tr>
<tr>
<td>4</td>
<td>裂解菌体</td>
<td>每个离心管中加10mL P2，温和的上下翻转6～8次，直至形成透亮的溶液，静置5min</td>
<td>P2是否出现沉淀：_____
P2添加体积：_____
静置时间：_____</td>
<td></td>
</tr>
<tr>
<td>5</td>
<td>中和沉淀</td>
<td>每个离心管中加10mL P4，温和的上下翻转6～8次，室温静置10min</td>
<td>P4是否出现沉淀：_____
P4添加体积：_____
静置时间：_____</td>
<td></td>
</tr>
<tr>
<td>6</td>
<td>去除杂质</td>
<td>10000r/min 离心45min，上清液通过过滤器CS1过滤，滤液收集在新管中</td>
<td>离心转速：_____
离心时长：_____</td>
<td></td>
</tr>
<tr>
<td>7</td>
<td>柱平衡处理</td>
<td>吸附柱CP6中加入3mL的平衡液BL，8000r/min离心2min</td>
<td>平衡液是否出现沉淀：_____
平衡液BL添加体积：_____
离心转速：_____
离心时长：_____</td>
<td></td>
</tr>
<tr>
<td>8</td>
<td>吸附质粒</td>
<td>① 滤液中加入0.3倍滤液体积的异丙醇，混匀后转移到吸附柱CP6中，柱子放入50mL收集管中，每个CP6加入的体积不超过8mL；
② 室温8000r/min离心2min，弃去滤液，将吸附柱CP6重新放回收集管中</td>
<td>异丙醇添加体积：_____
离心转速：_____
离心时长：_____
离心温度：_____</td>
<td></td>
</tr>
</table>

任务5 碱裂解法大量提取大肠杆菌质粒 DNA

序号	步骤	操作指导（示例）	结果记录	备注
9	过柱洗涤	① 吸附柱CP6中加入8mL漂洗液PW，8000r/min离心2min，弃去滤液； ② 重复上一步操作； ③ 吸附柱CP6中加入3mL无水乙醇，8000r/min离心2min，弃去滤液； ④ 将吸附柱重新放回收集管中，8000r/min离心5min，室温静置15min	漂洗液PW添加体积：_____ 离心转速：_____ 离心时长：_____ 无水乙醇添加体积：_____ 离心转速：_____ 离心时长：_____ 二次离心后静置时间：____	
10	洗脱质粒	更换新的收集管，向吸附膜的中间部位悬空滴加600～700μL洗脱液TB，室温放置5min后，室温8000r/min离心4min，将收集管中的洗脱液全部转入一个干净的2mL离心管中	洗脱液TB添加体积：_____ 静置时间：_____ 离心转速：_____ 离心时长：_____	

收集质粒结果		
浓度(ng/μL)	OD_{260}/OD_{280}	OD_{260}/OD_{230}

教师考核			
考核内容	考核指标	配分	得分
实验过程（40%）	操作规范性	20	
	高速离心机操作熟练度	10	
	NanoDrop检测操作熟练度	10	
实验结果（60%）	质粒纯度	30	
	质粒浓度	30	
总体评价			
考核人签字		总分	

任务检测

姓名_____ 班级_____ 成绩_____

一、选择题（每题4分，共28分）

1. 以下不会影响质粒大提产物纯度的操作是：（   ）。

A. 加入溶液P2后剧烈振荡 　　　　　B. 使用1000mL的菌液来提取质粒

C. 洗脱液加在硅胶膜的边缘 　　　　　D. 使用7个月前添加RNA酶的溶液P1进行实验

2. 以下会降低质粒大提产物得率的因素是：（   ）。

A. 提取的质粒是高拷贝数质粒 　　　　B. 菌体裂解不充分

C. 溶液P1添加RNA酶后立即使用 　　　D. 洗脱液加在硅胶膜中心

3. 纯化的质粒DNA OD_{260}/OD_{280} 应当在（   ）。

A. 1.5～2.0 　　　　B. 大于2.0 　　　　C. 1.8～2.0 　　　　D. 1.5～1.8

4. 质粒DNA进一步进行纯化的方法不包括：（   ）。

A. 离心 　　　　　　　　B. 乙醇沉淀

C. 硅基质材料吸附 　　　　D. 阴离子树脂交换

5. 以下描述的细菌内毒素特性，哪个是错误的？（   ）

A. 具有耐热性 　　　　B. 可溶于水 　　　　C. 可挥发

D. 可被活性炭吸附 　　　E. 0.1M的NaOH浸泡4小时被破坏

6. 以下有关细菌内毒素的说法错误的是（   ）。

A. 存在于革兰氏阳性菌 　　　　　　　B. 是指脂多糖（LPS）

C. 是革兰氏阴性菌细胞膜的组成部分 　　D. 内毒素增多会导致转染效率下降

7. 裂解液中含有0.2M NaOH，NaOH分子量为40，如果配制100mL这种溶液，应该称量NaOH（   ）。

A. 8.0g 　　　　B. 0.4g 　　　　C. 0.8g 　　　　D. 以上都不对

二、判断题（每题3分，共21分）

1. 为了让细菌裂解充分，加入Buffer P2后可以静置10min。（   ）

2. 细菌内毒素在细胞活着的时候也可以释放出来。（   ）

3. 当质粒在一个细菌内能够复制20个，这个质粒可以称为高拷贝数质粒。（   ）

4. 溶液中的内毒素去除时，常用液相分离法。（   ）

5. 提取出的质粒DNA可以不经稀释直接在−80℃保存，需要的时候取用后剩余DNA可继续冻存。（   ）

6. 质粒提取碱裂解法中加入无水乙醇目的是为了除去蛋白质。（   ）

7. 细菌裂解液buffer P1在加入RNase A之后没有使用完，可以放入4℃保存。（   ）

任务 5　碱裂解法大量提取大肠杆菌质粒 DNA

三、简答题（51分）

1. 质粒大提与质粒小提的区别是什么？（9分）

2. 质粒根据它的复制性质，可以分为哪几种类型？（8分）

3. 取 20μL 提纯后的质粒 DNA，加入 980μL 蒸馏水稀释后，放入 NanoDrop 检测，得 OD_{260} 值为 0.357，请问：提取的质粒 DNA 浓度是多少 ng/μL？（12分）

4. 利用无水乙醇沉淀质粒 DNA 后，为什么要在洗脱之前让乙醇完全挥发？（10分）

5. 在使用 Buffer P1 之前，为什么要在缓冲液中添加 RNA 酶？添加后应注意什么？（12分）

参考答案

项目三
PCR获取目的基因

  项目简介

聚合酶链式反应或多聚酶链式反应（PCR），又称无细胞克隆技术，于1985年由美国Mullis发明，现已广泛应用到分子生物学研究的各个领域，具有划时代意义。PCR能快速特异扩增任何已知目的基因或DNA片段，并能轻易使皮克（pg）水平起始DNA混合物中的目的基因扩增达到纳克、微克、毫克级的特异性DNA片段。它不仅可以用于基因的分离、克隆和核苷酸序列分析，还可以用于突变体和重组体的构建、基因表达调控的研究、基因多态性的分析、遗传病和传染病的诊断、肿瘤机制的探索、法医鉴定等诸多方面。PCR技术的基本原理类似于生物体内DNA的天然复制过程，其特异性依赖于与靶序列两端互补的寡核苷酸引物，其原理如图3-0-1。

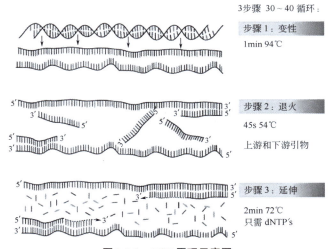

图3-0-1　PCR原理示意图

PCR技术以其简便易行、高灵敏度、高效率、高特异性的特点，广泛应用于生命科学、医疗诊断、法医检测、食品卫生和环境检测等方面。自从1996年美国ABI公司发明第一台荧光定量PCR仪以来，PCR技术的应用从定性向定量快速发展，目前已衍生出了多种PCR技术如重叠PCR、原位PCR、多重PCR、逆转录PCR、实时荧光定量PCR以及近几年发展起来的数字PCR等。本项目选择了在基因工程药物研发与生产及病原体检测与诊断中用得最多的三种PCR，分别设置了"常规PCR扩增目的基因""重叠PCR合成目的基因""实时荧光定量PCR检测目的基因"三个任务，通过三个任务的训练，让学生掌握PCR基本原理，熟练基本操作流程，在实验操作过程中，培养学生执着追求的科研精神和对结果实事求是的科学态度，帮助学生理解SOP的核心和精髓，培养学生严格按照SOP操作的实验习惯。

任务1 常规PCR扩增目的基因

任务描述			
教学方法	任务驱动	教学模式	理实一体
建议学时	4	教学地点	理实一体化教室
任务要求	通过NCBI或DNA序列数据库获取大肠杆菌乳糖操纵子*LacZ*基因序列，设计并合成引物，以已有大肠杆菌pUC57质粒为模板，通过聚合酶链式反应（PCR）扩增该基因，并利用琼脂糖凝胶电泳检测和回收目的产物。		PCR原理和方法

学习目标	知识和技能目标	思政和素养目标
	1. 掌握PCR的基本原理、体系构成和程序设计，深入理解PCR反应每一个循环的产物和最终产物； 2. 能够根据实验要求迅速准确地完成PCR体系的配制；能够根据实验要求完成PCR反应程序的设置。	1. 通过分组任务，培养团队协作的意识； 2. 通过PCR发明者的故事，培养学生执着追求的科学精神。

任务准备	
设备、耗材和试剂	1. 设备：PCR热循环仪、紫外凝胶成像系统、微量移液器、涡旋振荡器、手掌离心机、电泳仪电源、电泳槽。 2. 耗材：PCR管、移液器吸头、双面板。 3. 试剂：pUC57质粒、引物、dNTP、DNA聚合酶、缓冲液、ddH$_2$O。

技术路线

获取目的基因序列 → 设计并合成引物 → PCR体系配制 → PCR程序设置

↓

回收产物保存 ← 回收产物检测 ← 目的片段回收 ← PCR产物电泳检测

任务实施

实施步骤	实施方法	知识充电站
1. 获取基因序列	① 登录NCBI网站。 ② 在下拉菜单中选择Gene，输入基因名LacZ。 ③ 根据物种信息选择相应的基因，大肠杆菌Escherichia coli，得到阴影部分为lac Z全基因序列。 TCGCGCGTTTCGGTGATGACGGTGAAAACCTCTGACACATGCAGCTCCCGGAGACGGTCACAGCTTGTCTGTAAGCGGATGCCGGGAGCAGACAAGCCCGTCAGGGCGCGTCAGCGGGTGTTGGCGGGTGTCGGGGCTGGCTTAA**CTATGCGGCATCAGAGCAGATTGTACTGAGAGTGCACCATATGCGGTGTGAAATACCGCACAGATGCGTAAGGAGAAAATACCGCATCAGGCGCCATTCGCCATTCAGGCTGCGCAACTGTTGGGAAGGGCGATCGGTGCGGGCCTCTTCGCTATTACGCCAGCTGGCGAAAGGGGGATGTGCTGCAAGGCGATTAAGTTGGGTAACGCCAGGGTTTTCCCAGTCACGACGTTGTAAAACGACGGCCAGTGAATTCGAGCTCGGTACCTCGCGAATGCATCTAGATATCGGATCCCGGGCCCGTCGACTGCAGAGGCCTGCATGCAAGCTTGGCGTAATCATGGTCA**TAGCTGTTTCCTGTGTGAAATTGTTATCCGCTCACAATTCCACACAACATCGAGCCGGAAGCATAAAGTGTAAAGCCTGGGGTGCCTAATGAGTGAGCTAACTCAC.	美国国家生物技术信息中心（NCBI）是美国国家医学图书馆（NLM）的一部分，NCBI负责保管GenBank的基因测序数据。 通过查询可获得详细的外显子、编码序列等信息。
2. 设计并合成引物	① 将基因序列信息保存为.seq文件，使用GENEQUIST软件分析基因信息； ② 利用Primer Premier 5软件设计引物； ③ 将设计好的引物序列在NCBI—BLAST—Primer—BLAST中进行特异性分析； ④ 将得到的引物信息（表3-1-1）交至DNA服务公司进行引物的合成。 **表3-1-1　上下游引物序列** 引物|序列 上游|GTGTCGGGGCTGGCTTAA 下游|GCGGATAACAATTTCACACAGG	**引物**：PCR通常需要一对引物，上游引物序列与DNA模板链5′端序列相同，下游引物与DNA模板链3′端互补，引物与模板的互补性影响PCR的特异性。 **引物设计的一般原则** ① 引物的长度：配对的引物一般在15～30bp之间比较合适，通常设计在20bp左右； ② 引物的解链温度（T_m值）：引物的T_m值一般设计在55～60℃，且上下游两条引物的T_m值最好相差不到2℃； ③ 引物的GC含量一般为40%～60%，碱基尽量随机分布，正反方向引物的GC含量不能相差太大，3′端避免连续三个以上的G或C； ④ 引物序列在模板内应该没有相似性较高的序列，否则容易导致错配； ⑤ 引物应无回文对称结构，否则容易形成发卡结构。正反方向引物自身不能配对，否则容易形成引物二聚体。

任务1　常规 PCR 扩增目的基因

实施步骤	实施方法	知识充电站
3. PCR 体系配制	**（1）确定体系用量** 50μL PCR 体系及各组分用量如表3-1-2。 表3-1-2　PCR体系及各组分用量 **（2）配制体系** ① 按照"量多的先添加，量少的后添加，最后加酶"的原则配制 PCR 反应体系。 ② 为了避免漏加和重复添加，建议添加之前将试剂按添加顺序排列，加一个移走一个。 ③ 大量操作时可提前配制混合液 mix，即将重复使用的试剂先按比例混合，提高工作效率。 ④ 添加试剂时注意更换吸头防止交叉污染，所有试剂尤其是酶，用完即时放入冰箱保存。	**体系大小**：反应体系一般选用10～100μL的体积，根据用途确定体系大小，如仅用于检测可选择10μL，如产物需要回收，一般需要50μL甚至更多。 **体系成分：** ① **模板 DNA**：DNA 粗制品和临床标本如血液、分泌物等均能满足 PCR 的要求，但必须预处理除掉 DNA 聚合酶抑制剂和 RNA 的污染。 ② **引物**：一般为干粉，需根据说明书使用 1×TE 缓冲液先稀释再使用，工作液浓度一般为10μmol/L，反应体系中引物的使用量一般为0.1～0.5μmol/L。 ③ **dNTP**：PCR 的原料，四种 dNTP 等摩尔浓度混合，通常根据目的 DNA 长度其浓度控制在50～400μmol/L。 ④ **DNA 聚合酶**：多为大肠杆菌合成的耐热的基因工程酶，其中 *Taq* 酶使用最广，其催化聚合速度是35～150nt/s，最适温度是75～80℃，反应体系50μL时酶用量为1～2.5U。 ⑤ **缓冲液**：用于维持 DNA 聚合酶的活性和稳定性，最佳 pH 为7.2，缓冲液中添加适量 KCl 可促进引物退火，二甲基甲酰胺或者二甲基亚砜有利于松解发夹等二级结构，Mg^{2+} 是必需成分，能够激活 DNA 聚合酶活性，浓度为1.5～2.0 mmol/L。

表3-1-2　PCR体系及各组分用量

试剂	体积
ddH$_2$O	36.5μL
上游引物	2μL
下游引物	2μL
2.5mmol/L dNTP 混合物	3μL
模板 DNA	1μL
Taq DNA 聚合酶	0.5μL
10×PCR 缓冲液	5μL

任务 1　常规 PCR 扩增目的基因

实施步骤	实施方法	知识充电站
4. PCR 程序设置	**（1）确定反应条件** 确定条件如表3-1-3。 表3-1-3　PCR反应条件 | 步骤	温度	时间
①预变性	95℃	5min
②变性	95℃	30s
③退火	58℃	30s
④延伸	72℃	1min
⑤循环（重复步骤②～④）	—	30次
⑥最后延伸	72℃	10min | **（2）PCR仪器程序设置** 将配制好的PCR体系放进PCR仪，按照反应条件设置反应程序，不同PCR仪设置方法略有不同。	**变性温度和时间：**通常根据目的DNA的长度和组成并结合DNA聚合酶确定，变性温度过低、时间过短则变性不彻底，反之易导致聚合酶失活，*Taq*酶通常选择95℃ 30s。 　　**退火温度和时间：**引物退火温度通过 $T_m=4(G+C)+2(A+T)$ 粗略计算，一般为 (T_m-5) ℃，时间一般为30～60s，退火温度过低、时间过长会降低扩增特异性，反之会降低扩增效率。 　　**延伸温度和时间：**接近*Taq* DNA聚合酶的最适反应温度，常用72℃，延伸时间一般按照35～100个核苷酸/s，最后延伸延长至5～10min，以确保充分延伸。 　　**循环次数：**初始模板拷贝数是 3×10^5 时一般循环次数介于25～35之间，如果模板拷贝数太低可适当增加循环数，但一般不超过40个循环。
5. PCR 产物电泳检测	取3μLPCR产物，电泳检测扩增结果，用检测胶（琼脂糖浓度为1.2%），电泳操作同项目一核酸的电泳检测，具体操作方法详见项目一任务1。	电泳检测属于非特异性分析，可根据条带位置分析扩增产物的长度，根据条带的亮度和整齐度粗略判断纯度和浓度。如果是多重PCR，应用了多对引物，每个产物长度都应符合预期，应用毛细管电泳可以提高分析效率。
6. 目的 片段回收	剩余PCR产物进行琼脂糖凝胶电泳纯化回收，用回收胶（琼脂糖浓度为1.6%），回收操作如下： 　① 紫外灯下切下含有目的DNA的凝胶，放入标记好的2mL离心管； 　② 加入3倍凝胶体积的溶胶缓冲液，60℃加热10min，期间不断摇晃直至凝胶完全融化； 　③ 将DNA-琼脂糖溶液加到DNA回收纯化柱上，静置1min，12000r/min离心30s，弃滤液； 　④ 加入700μL W2（漂洗液）洗涤回收柱，12000r/min离心30s，弃滤液，同样方法洗2～3次； 　⑤ 12000r/min离心2min，以去除残留液体； 　⑥ 将回收柱套入洁净无菌的1.5mL EP管中，加30～50μL DNA洗脱缓冲液或超纯无菌水，静置5min，12000r/min离心1min以洗脱出DNA。	PCR产物目的片段的回收一般使用胶回收试剂盒的新型硅基质膜技术，可通过快速、简单的溶胶—结合—洗涤—洗脱步骤从琼脂糖凝胶中回收纯化50bp～50kb的DNA片段，纯化过程中有效去除引物、核苷酸、酶、琼脂糖等杂质，获得高纯度、完整性好的DNA片段，回收率一般可达90%以上，回收产物可用于后续测序、重组等实验。

107

任务1 常规 PCR 扩增目的基因

实施步骤	实施方法	知识充电站
7. 回收产物检测	取3μL回收产物，电泳检测回收结果（琼脂糖浓度为1.2%），同时用NanoDrop检测产物浓度检测方法同RNA的浓度检测。	NanoDrop是专门为核酸和蛋白等样品的纯度进行定量分析和评价的超微量紫外可见分光光度计，应用液体的表面张力特性，样品体积只需要0.5～2μL，在检测台上，经上下臂的接触拉出固定的光径达到快速、微量、高浓度、免石英管、免毛细管等耗材检测吸收值的优点。
8. 回收产物保存	将回收产物放入冰箱，4℃或–20℃保存备用。	近期使用4℃保存即可，近期不用最好放入–20℃保存，反复冻融会使得DNA受损。未纯化的PCR产物–20℃一周内使用，纯化后若以干粉状态可在–20℃保存几个月，若溶于Tris可保存1～2个月。
实验操作演示视频	PCR体系配置与程序设置	

思政微课堂10

PCR之父

【事件】

2019年8月7日，PCR之父——凯利·穆利斯（Kary Mullis）因肺炎去世，享年74岁。

有人说，生物学可以被划为两个时代：一个是没有PCR的时代，一个是有PCR的时代。这样的说法并不夸张。没有PCR技术，就没有现代分子生物学，人类基因组计划、靶向药、抗体药等，都将无法来到这个世界。

穆利斯于1944年12月生于美国北卡罗来纳州一个普通的家庭。受到当时探索太空的影响，他从小就对科学产生了兴趣，并顺理成章地在大学阶段选择了化学专业。1972年，他获得了生物化学博士学位。

研究如何扩增DNA的技术这个想法，是穆利斯在1983年春天，作为公司一名职员的时候萌发的。经历了许多的探究和失败后，他的一个创新性想法，让哈尔·葛宾·科拉纳（Har Gobind Khorana）的PCR设想生根发芽，在1984年春，成功扩增出人β-珠蛋白基因的58个碱基对，但这时PCR技术并未真正成型。在这个创造性的思维推动之下，经过公司研究员们的共同努力，穆利斯团队在1984年11月正式完成了全世界第一个PCR实验，将一个49bp的DNA片段进行了10次PCR循环的复制扩增。至此，PCR技术横空出世。1993年，穆利斯被瑞典皇家科学院授予诺贝尔化学奖。

穆利斯PCR合成的关键灵感却是在休假的时候得到的。在开车的路上，他看到路两边向后移动的路灯时，瞬间感觉两排路灯就像是DNA的两条链，自己的车和对面开来的车像是DNA聚合酶，面对面地合成着DNA……灵感就这样突然出现了：既然结合一条引物是可行的，为什么不试试看同时结合两条引物呢！他继续在脑海里模拟实验：设计两条引物，分别结合在DNA的正链和反链上，且这两条引物的3′端均位于待测碱基的上游1个碱基的位置。就这样，PCR的基本模型就在穆利斯脑海中浮现了！

【启示】

1. 想象力比知识更重要。20世纪最伟大的科学家爱因斯坦说："想象力比知识更重要，因为知识是有限的，而想象力概括着世界上的一切，推动着进步，并且是知识进步的源泉。"人类靠想象力和创造力改造自然并推动自身的文明进步。人类的文明史，就是一部将想象力加以实现的发明创造史。

2. 持续思考是关键。科学灵感、科学思维并不是很玄乎很深奥，抓住转瞬即逝的直觉，在理性分析的基础上运用批判性思维，经过多次尝试，不断提出理论，深入认识事情的本质，才有可能击中要害。

【思考】

1. 如何理解创新是一个民族进步的灵魂？
2. 如何激发创新思维和捕捉发明灵感？

扩展学习

三代PCR的发展

自从1985年美国科学家Kary Mullis发明PCR方法以来，该方法已经成为生命科学研究领域中最常规的实验方法之一。PCR方法就是在体外采用酶促反应来特异性合成特定核酸片段，并达到富集的目的，PCR扩增产物可用于下游多种应用，如克隆表达、芯片杂交、突变检测、测序等等。

最传统的"第一代PCR"采用琼脂糖电泳的方式对PCR产物进行分析，但存在着操作繁琐、只适用于定性研究、交叉污染风险大等不足。为了避免上述传统PCR的缺陷，并对基因的表达水平进行定量分析，1992年诞生了所谓"第二代PCR"的实时荧光定量PCR。实时荧光定量PCR在扩增的同时对反应体系中的荧光信号进行实时收集，通过三个参数间（荧光信号—C_q值—靶基因的起始浓度）的关系，最终确定靶基因的拷贝数或基因的表达水平。由于定量PCR的分析最终结果依赖于C_q值，2009年明确了定量实验整个流程标准化的重要性，否则就会出现实验结果无法重复，甚至结果互相矛盾的状况。同时该文献还给出了如何规范定量PCR流程的方案，其核心就是在规范的实验流程、统一的设计思路下，得到的结果才具有可重复性，也具有可比性。但依赖于C_q值仍然是目前定量PCR最大的技术瓶颈，在这个意义上所谓的"定量"也只是相对的。而且在低拷贝靶分子、模板浓度差异细微的条件下，其检测的灵敏度、精确度都受到了限制。在这种背景下，"第三代PCR"应运而生。Bio-Rad公司的QX100微滴式数字PCR系统就属于"第三代PCR"技术（图3-1-1）。QX100微滴发生器将含有核酸分子的反应体系形成成千上万个纳升级的微滴，其中每个微滴或不含待检核酸靶分子，或者含有一个至数个待检核酸靶分子，且每个微滴都作为一个独立的PCR反应器。经PCR扩增后，采用微滴阅读仪逐个对每个微滴进行检测，有荧光信号的微滴判读为1，没有荧光信号的微滴判读为0（因此该技术被称为"数字PCR"），最终根据泊松分布原理以及阳性微滴的比例，分析软件可计算得出待检靶分子的浓度或拷贝数。微滴化处理步骤是QX100微滴式数字PCR的关键，使得每个微小的反应体系内进行单分子或几个分子的扩增，从而在如下方面的应用中具有突出的优势：靶分子具有细微差异条件下的分析，如拷贝数变异在野生型序列构成的遗传背景中检测低频率的突变序列，灵敏度可达0.001%，可实现无需标准品的绝对定量。

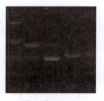
第一代 PCR

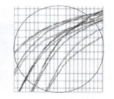
第二代 实时荧光定量PCR

第三代 数字PCR

图3-1-1　三代PCR

任务 1　常规 PCR 扩增目的基因

工作任务单					
任务名称					
姓名		班级		日期	
目的基因信息					
基因名称		基因功能			
基因长度		GC含量		基因信息网址	
引物设计	上游引物：				
	下游引物：				
引物合成					
PCR体系					
加样顺序					
PCR程序					

任务 1　常规 PCR 扩增目的基因

PCR产物 电泳检测 结果			
目的片段 回收结果			

教师考核			
考核内容	考核指标	配分	得分
体系配制 （40%）	体系设计	15	
	加样顺序	10	
	加样规范性	15	
程序设置 （30%）	程序设计	15	
	操作规范性	15	
实验结果 （30%）	PCR产物电泳检测	10	
	目的片段回收电泳检测	10	
	回收产物定量检测	10	
总体评价			
考核人签字		总分	

任务 1　常规 PCR 扩增目的基因

任务检测

姓名_____　　班级_____　　成绩_____

一、选择题（每题3分，共33分）

1. PCR 的特异性，主要取决于（　　）。
   A. DNA 聚合酶的种类　　　　　　　　　　B. 反应体系中模板 DNA 的量
   C. 引物序列的结构和长度　　　　　　　　D. 四种 dNTP 的浓度

2. 以下哪种物质在 PCR 反应中不需要？（　　）
   A. Taq DNA 聚合酶　　　B. dNTPs　　　　　C. Mg^{2+}　　　　　　D. RNA 酶

3. PCR 技术扩增 DNA，需要的条件是（　　）。
   ①目的基因　②引物　③四种脱氧核苷酸　④DNA 聚合酶等　⑤mRNA　⑥核糖体
   A. ①②③④　　　　　B. ②③④⑤　　　　　C. ①③④⑤　　　　　D. ①②③⑥

4. PCR 基因扩增仪最关键的部分是（　　）。
   A. 温度控制系统　　　B. 荧光检测系统　　　C. 软件系统
   D. 热盖　　　　　　　E. 样品基座

5. 在 PCR 反应中，下列哪项可以引起非靶序列的扩增？（　　）
   A. Taq DNA 聚合酶加量过多　　　　　　　B. 引物加量过多
   C. A 和 B 都可　　　　　　　　　　　　　D. 缓冲液中镁离子含量过高

6. PCR 的发明人是（　　）。
   A. Mullis　　　　　　B. 牛顿　　　　　　　C. Kenny　　　　　D. James

7. 退火温度一般比引物的熔解温度（T_m）低多少合适？（　　）
   A. 7℃　　　　　　　B. 10℃　　　　　　　C. 5℃
   D. 2℃　　　　　　　E. 20℃

8. PCR 技术的本质是（　　）。
   A. 核酸杂交技术　　　B. 核酸重组技术　　　C. 核酸扩增技术
   D. 核酸变性技术　　　E. 核酸连接技术

9. 引物设计时 G+C 含量在引物中一般占（　　）。
   A. 20%～40%　　　　　B. 30%～60%　　　　　C. 45%～55%
   D. 越高越好　　　　　E. 含量随意

10. 对禽流感的确诊，先用 PCR 技术将标本基因大量扩增，然后利用基因探针，测知待测标本与探针核酸的碱基异同。下图中，P 表示禽流感病毒探针基因在凝胶的电泳标记位置，M、N、Q、W 是四份送检样品在测定后的电泳标记位置，哪份标本最有可能确诊为禽流感？（　　）

A. M　　　　　　　　　B. N　　　　　　　　　C. Q　　　　　　　　　D. W

任务 1 常规 PCR 扩增目的基因

11. 在基因工程中，把选出的目的基因（共1000个脱氧核苷酸对，其中腺嘌呤脱氧核苷酸460个）放入PCR仪中扩增4代，那么，在PCR仪中放入胞嘧啶脱氧核苷酸的个数至少应是（   ）。

    A. 640   B. 8100   C. 600   D. 8640

二、判断题（每题3分，共21分）

1. PCR主要包括以下几个步骤：① 设计一对特异性引物　② 95℃使模板DNA变性　③ 降温到合适的温度时使模板DNA与引物杂交　④ DNA聚合酶在dNTP存在时，进行延伸　⑤ 加热使DNA聚合酶失活。（   ）

2. PCR技术中催化聚合酶链式反应的酶是 *Taq* DNA聚合酶。（   ）

3. PCR技术包括变性、复性、延伸三个阶段，可用于基因诊断、判断亲缘关系并且PCR技术需在体内进行。（   ）

4. PCR延伸过程中需要DNA聚合酶、ATP、四种核糖核苷酸。（   ）

5. PCR反应中，DNA扩增过程未加解旋酶，可以通过先适当加温的方法破坏氢键，使模板DNA解旋。（   ）

6. PCR反应中，复性过程中引物与DNA模板链的结合是依靠碱基互补配对原则完成的。（   ）

7. PCR与细胞内DNA复制相比所需要酶的最适温度较高。（   ）

三、简答题（46分）

1. 画出普通PCR前4个循环的产物，并标明目的基因及其在总产物中的比例。（10分）

2. 简述PCR扩增技术的原理及各种试剂的作用（Mg^{2+}，dNTP，引物，DNA，缓冲液，*Taq* DNA聚合酶）。（10分）

3. PCR循环次数是否越多越好？为什么？（6分）

4. 降低退火温度，延长变性时间对PCR结果有什么影响？（10分）

5. 如果检测的PCR结果中出现很多非特异性条带，可能由哪些原因导致？（10分）

参考答案

任务2　重叠PCR合成目的基因

任务描述			
教学方法	任务驱动	教学模式	理实一体
建议学时	4	教学地点	理实一体化教室

任务要求

在已知基因序列，但无模板的情况下，利用重叠PCR技术分段合成目的基因，并利用琼脂糖凝胶电泳检测和回收目的产物。

```
GGGGCTGCTGACCTGGCTCATGTCCATCGATGTCAAGTACCAGATCTGGAAGTTCGGGGTCATC
TTCACGGACAACTCGTTCCTGTACCTGGGCTGGTACATGGTGATGTCCCTCCTGGGCCCACTACA
ACAACTTCTTCTTTGCCGCCCACCTGCTGGACATCGCCATGGGGGTCAAGACGCTGCGTACCAT
CCTCTCCTCTGTCACCCACAATGGGAAACAGCTGGTGATGACTGTGGGCCTCCTGGCCGTCGTG
GTCTACCTGTACACTGTGGTGGCCTTCAACTTCTTCCGCAAGTTCTACAACAAGAGCGAGGACG
AGGACGAGCCGGACATGAAGTGCGATGACATGATGACGTGCTACCTGTTCCACATGTACGTGG
GCGTCCGGGCTGGCGGAGGCATCGGGGACGAGATCGAGGACCCAGCCGGCGATGAATACGA
GCTCTACCGGGTGGTCTTCGACATCACCTTCTTCTTCTTCGTCATTGTCATCCTGCTGGCCATCAT
CCAGGGTCTGATTATCGCCGCCTTCGGCGAGCTCCGAGACCAGCAGGAGCAAGTGAAGGAAG
ATATGGAGACCAAATGCTTCATCTGCGGGATTGGCAGTGACTACTTCGATACCACGCCGCACGG
CTTCGAGACCCACACGCTAGAGGAGCACAATCTGGCCAATTACATGTTCTTCTTGATGTATCTGA
TAAACAAGGACGAGACGGAGCACACGGGCCAGGAGTCCTACGTCTGGAAGATGTATCAGGAG
AGGTGCTGGAGCTTCTTCCCCCGCCGGCGACTGCTTCCGCAAGCAGTACGAGGACCAGCTGAG
CTGAGAAGCTTGCATGCCTGCAGGTCGACTCTAGAGGGATCCCGGGTGGCATCCCTGTGAC
835 bp   A 182   T 184   C 233   G 236   GC%: 56.17%
```

学习目标

知识和技能目标	思政和职业素养目标
1. 掌握重叠PCR的基本原理、体系构成和程序设计，深入理解重叠PCR两轮反应的目的和产物； 2. 能够根据实验要求迅速准确地完成两轮PCR体系配制和程序设置。	1. 通过文献查阅，培养信息获取以及对所得信息进行整理、分析、归纳和总结的能力； 2. 通过核酸检测"假阳性"事件，培养精益求精、一丝不苟的工作态度。

任务准备

设备、耗材和试剂

1. 设备：PCR热循环仪、紫外凝胶成像系统、微量移液器、涡旋振荡器、手掌离心机、电泳仪电源、电泳槽。
2. 耗材：PCR管、移液器吸头、双面板。
3. 试剂：引物、dNTP、DNA聚合酶、缓冲液、ddH$_2$O。

技术路线

引物设计与合成 → 引物稀释与混合 → 第一轮PCR体系配制 → 第一轮PCR程序设置

PCR产物电泳检测、回收、再检测及保存 ← 第二轮PCR程序设置 ← 第二轮PCR体系配制

任务 2　重叠 PCR 合成目的基因

任务实施		
实施步骤	实施方法	知识充电站
1. 引物设计与合成	① 根据目的基因序列利用"DNAWorks"自行设计引物，或委托DNA服务公司设计引物，本任务所需的26条引物序列见附表1。 ② 将得到的引物信息交至DNA服务公司进行引物的合成。	**重叠PCR的基本原理**：① 根据DNA序列设计60bp左右的重叠核苷酸，以覆盖整个DNA序列。② 第一轮PCR，利用了引物之间具有互补末端，低温退火使PCR产物形成了重叠链，从而在随后的扩增反应中通过重叠链的延伸，将不同来源的扩增片段重叠拼接起来，从而形成一条完整的目的基因。③ 第二轮PCR，以第一轮的PCR产物为模板，再通过首尾引物对模板链进行扩增得到大量所需目的基因。 引物1　　引物3　　引物5 5′ ⌐3′ 5′⌐ 3′ 5′⌐ 3′ 3′ ⌐5′ 3′⌐ 5′ 3′⌐ 5′ 　引物2　　引物4　　引物6
2. 引物稀释与混合	① 引物稀释：在开启离心管盖之前在4000r/min的转速下离心1min，然后加水将引物稀释到20pmol/μL； ② 引物混合液配置：每条引物吸取4μL加入到2mL的EP管中。	**引物保存**：引物保存在高浓度的状态下比较稳定，因此合成的引物一般以干粉状态保存，溶解之前先离心，以防开盖时引物干粉散失。如果实验重复性高，合成的引物量较大，建议分装，避免反复冻融。 **引物稀释**：引物一般稀释为10～100pmol/μL，引物出厂后都标有1OD相当于多少μmol的计算结果，进行稀释时先计算再加水溶解。
3. 第一轮PCR体系配制	**（1）确定体系用量** 50μL体系，如表3-2-1。 表3-2-1　第一轮PCR体系 | 试剂	体积
---	---
ddH$_2$O	31μL
2.5mmol/L dNTP混合物	3μL
引物混合液	10μL
Pfu DNA聚合酶	1μL
10×PCR缓冲液	5μL | **（2）配制体系** 体系配制方法和注意事项同常规PCR。	**引物混合液**：第一轮PCR的目的是要通过多条引物的延伸得到少量目的基因，与常规PCR相比，将体系中的模板DNA和一对引物换成了多条引物的混合物，引物除应满足常规PCR引物所需遵循的基本原则外还有一些其本身特定的要求： ① 相邻两条引物之间必须有至少14bp的重叠区域（互补区域）。 ② 引物长度一般在50bp以上。 ③ 引物条数一定是偶数。 ④ 引物之间的重叠区域在整个基因内部存在有且只有一个。 ***Pfu*酶**：为了最大限度地避免碱基的错配，重叠延伸PCR反应应避免使用普通*Taq*酶，因为*Taq*酶会在PCR产物末端加A，从而可能会使产物移码突变，一般采用高保真DNA聚合酶如*Pfu*酶。

116

任务 2　重叠 PCR 合成目的基因

实施步骤	实施方法	知识充电站
4. 第一轮PCR程序设置	（1）确定反应条件 第一轮PCR反应条件如表3-2-2。 表3-2-2　第一轮PCR反应条件 （2）PCR仪器程序设置 将配制好的PCR体系放进PCR仪，按照反应条件设置反应程序。	**循环数的确定**：以6条引物为例，第一个循环引物1和2延伸到一样长，第二个循环引物1和4延伸到一样长，第三个循环引物1和6延伸到一样长，那么通过三个循环就可以得到目的基因，但是产物是一个混合物，第2、3、4、5条引物也会延伸至"最长"存在于产物中。目的基因越长，引物条数越多，那么要得到目的基因所需要的循环数也就越多，因此第一轮PCR的循环数取决于引物的条数。 **降落PCR（Touch Down PCR）**：此时选用"Touch Down"退火温度，每个循环退火温度降低0.2℃，无法改善扩增效率低的问题，一般用于在杂模板和引物中提高扩增特异性。
5. 第二轮PCR体系配制（表3-2-3）	表3-2-3　第二轮PCR体系	第二轮PCR的目的是以第一轮PCR产物中的目的基因为模板，通过第一条和最后一条引物大量扩增目的基因。
6. 第二轮PCR程序设置（表3-2-4）	表3-2-4　第二轮PCR反应条件	第二轮PCR实际上就是一个常规PCR，其原理和操作都相同。
7. PCR产物电泳检测、回收、再检测及保存	取3μL PCR产物先用琼脂糖检测胶检测，如果有条带则将剩余PCR产物点入回收胶回收，电泳检测回收结果，同时用NanoDrop检测产物浓度，将回收产物放入冰箱，4℃或−20℃保存备用。	常规和重叠PCR产物都不需要精确定量初始模板量，其检测方法一般是用琼脂糖凝胶电泳做定性检测，然后用NanoDrop作定量检测，具体步骤是检测、回收、再检测。

表3-2-2　第一轮PCR反应条件

步骤	温度	时间
①预变性	96℃	5min
②变性	95℃	30s
③退火	58℃↓0.2℃	30s
④延伸	72℃	1min
⑤循环（重复步骤②~④）	—	20次
⑥最后延伸	72℃	10min

表3-2-3　第二轮PCR体系

试剂	体积
ddH$_2$O	37μL
第1条和最后1条引物	各1μL
2.5mmol/L dNTP混合物	3μL
第一轮PCR产物	2μL
Pfu DNA聚合酶	1μL
10×PCR缓冲液	5μL

表3-2-4　第二轮PCR反应条件

步骤	温度	时间
①预变性	96℃	5min
②变性	95℃	30s
③退火	58℃	30s
④延伸	72℃	1min
⑤循环（重复步骤②~④）	—	30次
⑥最后延伸	72℃	10min

117

任务 2　重叠 PCR 合成目的基因

思政微课堂 11

预防核酸检测"假阳性"

【事件】

新型冠状病毒肺炎疫情全球大流行以来,为了有效制止新冠疫情,我国多次在疫情集中暴发的城市开展全员核酸检测,为此很多第三方医疗公司和科研机构获得了开展核酸检测的相应资质,承担起一个地区全员核酸检测的重任。但在疫情发展处于下行期的时候,某地某小区在例行核酸检测中,却检测出了十多例阳性病例。消息曝出后,该小区连夜封闭,医疗队也进入开始消杀,引起群众恐慌,影响非常大。随后被确诊的多名阳性患者在复检之后,得到的复检结果却为阴性。这个结果引起一些人对核酸检测准确性的担心。

核酸检测技术属于 PCR 技术,具有很好的灵敏性和特异性,其阳性结果可以作为病毒感染诊断的"金标准"。但在高涨的需求和时效压力下,核酸检测结果不准确的现象时有发生。最主要的质量控制风险点在实验室检测环节,主要由于实验过程技术操作不当导致。一是背景环境受到污染。目前主流的实时荧光定量 PCR,其阳性对照品及其扩增产物如果处理不当,极易形成气溶胶污染实验室环境,导致假阳性。二是人员操作不当引起污染。检测人员操作过程中由于清洁不到位、操作不当,易引起质控品污染或样本交叉污染,最终导致假阳性的产生。

面对这些问题,最根本的解决方法是严格按照已有的实验室技术指南和工作规程要求,规范操作人员的操作流程;严格落实实验室准入和人员准入要求,实验前对实验室进行清洁消毒,实验后做好清场;检测人员使用独立的加样移液枪添加阳性质控品;提高防污染意识,操作过程严谨细致、一丝不苟,避免操作失误导致样品交叉污染。用"精准检验"的工匠精神保障疫情精准防控。

【启示】

1. 检验人员强烈的责任心与认真负责的工作精神,是保证检测质量和检测结果准确性的基础。应以严格、严密、严肃、严明和细致入微的态度做到精准、精到、精诚、精进。

2. 质量控制是降低实验室环节"假阳性"风险的重要途径,通过对检验人员资质、工作能力、仪器设备、环境条件、检验方法等进行有效控制,并对样品采集、接收、管理、检测、报告和审核等一系列过程进行严格管理审查,能够提升检测数据的准确性和可靠性。

【思考】

1. 什么是工匠精神?联系实际谈谈如何践行工匠精神。

2. 请思考,在核酸提取操作过程中应当如何进行质量控制?

任务 2　重叠 PCR 合成目的基因

扩展学习

重叠PCR的应用及引物设计注意事项

重叠PCR的应用是非常广泛的，它的原理其实很简单：比如说有两个基因或者两个片段，假如要将它们连接到一起，我们首先想到的方法当然是借助于酶切，但有时并不一定能够找到合适的酶切位点，或者说找到了酶切位点，但这种酶非常特殊或者又很贵，可能只用一次，这样购买酶就变成了一种浪费，这时候就可以用重叠PCR技术。比如下面这两个基因A和B，要将它们拼接起来，首先需要设计引物，基因序列和引物序列如表3-2-5。

表3-2-5　基因A和B的序列及其引物序列

基因/引物	序列
A基因	5′- ATGCATGCTAGCTAGAACGCTACGCTGACTACCCCCTGATC-3′
B基因	5′-ATGCTAGTAGCTAGCCCCCCCCAGGGGATAATTTTTTAAAACG-3′
A1引物	5′-ATGCATGCTAGCTAGAACGCT-3′
A2引物	5′-GGGGGGCTAGCTACTAGCATGATCAGGGGGTAGTCAGCGT-3′
B1引物	5′-ACGCTGACTACCCCCTGATCATGCTAGTAGCTAGCCCCCC-3′
B2引物	5′-CGTTTTAAAAAATTATCCCCT-3′

实验的目的是将基因A、B通过PCR的方法连接起来，仔细观察表中的引物A2和B1，不难发现这两条引物要比另外两条引物长很多，这是因为在设计引物的时候在A2引物的5′端加入了20个B基因5′端的互补序列，在B1引物的5′端加入了20个A基因3′端的序列。重叠PCR拼接A和B的步骤如下：①以A1、A2扩增A基因，B1、B2扩增B基因；②回收A、B基因；③以A、B为共同的模板，A1和B2为引物，扩增A+B，这样就利用重叠PCR的方法将A+B拼接起来了。本质是因为我们在设计引物的时候使A、B有了20个互补的碱基，他们可以经过退火结合在一起。第三步目前很多人的做法都不同，有的人是先加入模板A、模板B、dNTP、Buffer、水，进行3～5个循环的扩增，然后再加入引物A1和B2以及 *Taq* 酶，这样做的好处是可以得到特异的扩增。另外一种方法是将引物、双模板、酶、dNTP等所有的反应成分均一起加入PCR管，进行反应，更加节省时间，当然扩增的特异性不如第一种方法。

目前重叠PCR的应用十分广泛，比如说在基因的定点突变，虽然说现在有很多的突变试剂盒，应用起来也很简单，但是成本昂贵；人工合成基因，最基本的技术（目前应用最为广泛的）就是利用重叠PCR的方法；启动子与目的基因的串连；两个不同表达盒的连接，大家都知道我们在使用DNA调取或者说扩增基因的时候，往往需要将几个表达盒串连起来观察他们的表达效果，但由于绝大多数的DNA中都含有内含子，也就是说几个外显子并不是串连在一起的，而要想达到我们的目的，只要应用重叠PCR技术就可以轻松完成。

任务 2　重叠 PCR 合成目的基因

　　重叠 PCR 要能成功，主要在于重叠区（overlap）序列的设计，重叠区的部分要能保证有效的退火（形象地说，能牢固地"粘"在一块）。因此重叠区的部分要有一定长度（一般为25bp左右），并且注意这部分的 GC 含量，以便使这部分（重叠的25bp）有一个合适的 T_m 值，而且使用的 PCR 循环所用的退火温度应该低于此温度，否则重叠区的部分可能"粘"不到一起。另外一点是要意识到重叠区的前后两段核酸单链有可能形成一定的空间结构，尤其是PCR 退火温度较低、降温速度较快时更增加这种情况的概率。前后两段越长越容易形成某种空间结构。而这种空间结构可能会对重叠区的退火造成影响。当然，重叠区本身也有形成某种空间结构的可能（例如发夹结构），但这可以通过软件设计（如引物设计软件）来避免。

　　如果使用该技术还得不到全长片段，首先要考虑重叠区没有成功退火。遇到这种情况建议使用降落 PCR（Touch Down PCR）试试。降落 PCR 是指每隔一个循环降低1℃或者是0.5℃反应退火温度，直至达到"Touch Down"退火温度，然后以此退火温度进行10个左右的循环。该方法最初出现是为了避开确定最佳退火温度而进行的复杂的反应优化过程。正确和非正确退火温度之间的任何差异将造成每个循环 PCR 产物量的两倍差异（每摄氏度造成4倍差异）。因此相对于非正确产物，正确的产物可以得到富集。该方法的另一个应用是在确定已知序列肽的 DNA 序列。具体过程如下：使用两套与已知序列肽两末端可能配对的简并引物，这只需要知道一段长为13个氨基酸的肽段序列，5′和3′引物各长18个碱基（6个氨基酸），两者之间有一个碱基以上的间隔。降落 PCR 有利于解决空间结构影响重叠区退火的问题，增加扩增成功的机会。

任务 2　重叠 PCR 合成目的基因

工作任务单					
任务名称					
姓名		班级		日期	
目的基因与引物信息					
基因长度		GC 含量		引物条数		合成公司	
引物稀释与混合					
第一轮 PCR 体系					
第一轮 PCR 程序					
第二轮 PCR 体系					
第二轮 PCR 程序					

任务 2　重叠 PCR 合成目的基因

PCR产物电泳检测结果	
目的片段回收结果	

教师考核			
考核内容	考核指标	配分	得分
体系配制（40%）	体系设计	15	
	加样顺序	10	
	加样规范性	15	
程序设置（30%）	程序设计	15	
	操作规范性	15	
实验结果（30%）	PCR产物电泳检测	10	
	目的片段回收电泳检测	10	
	回收产物定量检测	10	
总体评价			
考核人签字		总分	

任务检测

姓名_____   班级_____   成绩_____

一、选择题（每题5分，共40分）

1. 重叠PCR将两个DNA片段连接，相比较于酶切再连接，其优势下列说法不对的是（   ）。
   A. 不需要有合适的酶切位点   B. 解决了限制酶成本贵的问题
   C. 重叠PCR不需要酶   D. 方法上更为简便快捷

2. 重叠PCR常用降落PCR，目的是（   ）。
   A. 提高扩增特异性   B. 提高扩增效率
   C. 提高产物浓度   D. 提高产物纯度

3. 重叠PCR一般不用 Taq 酶而改用 Pfu 酶，原因是（   ）。
   A. 提高扩增特异性   B. 提高扩增效率
   C. 提高产物纯度   D. 提高保真性

4. 重叠PCR的引物特点下列说法不正确的是（   ）。
   A. 引物间的重叠区在5bp以上   B. 引物条数是偶数
   C. 相邻引物重叠区互补   D. 引物长度最好在50bp以上

5. 重叠PCR与常规PCR反应体系区别下列说法错误的是（   ）。
   A. 重叠PCR使用高保真酶   B. 重叠PCR不需要首尾引物
   C. 重叠PCR不需要模板DNA   D. 重叠PCR需要多条引物

6. 重叠PCR的第一轮PCR说法正确是（   ）。
   A. 目的是获取少量目的片段   B. 目的是获取一个目的片段
   C. 产物只有目的片段   D. 产物是混合物，其中目的片段占多数

7. 重叠PCR第二轮PCR的DNA模板是（   ）。
   A. 所有引物的混合物   B. 第一轮PCR目的片段电泳回收产物
   C. 第一轮PCR的产物   D. 第一轮PCR纯化后的产物

8. 重叠PCR与常规PCR的区别，以下说法错误的是（   ）。
   A. 重叠PCR不需要模板DNA理论上可以合成任意序列
   B. 重叠PCR需要进行两轮扩增才能得到大量的目的片段
   C. 重叠PCR的引物复杂在退火温度，引物设计以及聚合酶的保真性方面都相对较高
   D. 重叠PCR的原理与常规PCR一样，都是引物与模板特异性结合得到目的基因

二、简答题（每题15分，共60分）

1. 重叠PCR引物应具备什么特点？（15分）
2. 以6条引物为例，画出重叠PCR前3个循环的产物。（15分）
3. 重叠PCR反应和常规PCR反应区别有哪些？（15分）
4. 重叠PCR技术合成目的基因成功的关键是什么？（15分）

参考答案

任务2　重叠PCR合成目的基因

附表1　本任务的26条引物序列

Primer名称	序列(5′→3′)	碱基数
DNA001-1	GGGGCTGCTGACCTGGCTCATGTCCATCGATGTCAAGTACCAGATCTGGAAG	52
DNA001-2	GAACGAGTTGTCCGTGAAGATGACCCCGAACTTCCAGATCTGGTACTTGACATC	54
DNA001-3	TCTTCACGGACAACTCGTTCCTGTACCTGGGCTGGTACATGGTGATGTCC	50
DNA001-4	CGGCAAAGAAGAAGTTGTTGTAGTGGCCCAGGAGGGACATCACCATGTACCAGC	54
DNA001-5	CAACAACTTCTTCTTTGCCGCCCACCTGCTGGACATCGCCATGGGGGTCAAGA	53
DNA001-6	TTGTGGGTGACAGAGGAGAGGATGGTACGCAGCGTCTTGACCCCCATGGC	50
DNA001-7	CTCTCCTCTGTCACCCACAATGGGAAACAGCTGGTGATGACTGTGGGCCTCCT	53
DNA001-8	AAGGCCACCACAGTGTACAGGTAGACCACGACGGCCAGGAGGCCCACAGTCATC	54
DNA001-9	CTGTACACTGTGGTGGCCTTCAACTTCTTCCGCAAGTTCTACAACAAGAGCGA	53
DNA001-10	GCACTTCATGTCCGGCTCGTCCTCGTCCTCGCTCTTGTTGTAGAACTTGC	50
DNA001-11	AGCCGGACATGAAGTGCGATGACATGATGACGTGCTACCTGTTCCACATGTACGT	55
DNA001-12	TCGTCCCCGATGCCTCCGCCAGCCCGGACGCCCACGTACATGTGGAACAGGTAGC	55
DNA001-13	GGCATCGGGGACGAGATCGAGGACCCAGCGGGCGATGAATACGAGCTCTAC	51
DNA001-14	AAGAAGAAGGTGATGTCGAAGACCACCCGGTAGAGCTCGTATTCATCGCC	50
DNA001-15	GTCTTCGACATCACCTTCTTCTTCTTCGTCATTGTCATCCTGCTGGCCATC	51
DNA001-16	GGAGCTCGCCGAAGGCGGCGATAATCAGACCCTGGATGATGGCCAGCAGGATGA	54
DNA001-17	CCTTCGGCGAGCTCCGAGACCAGCAGGAGCAAGTGAAGGAAGATATGGAG	50
DNA001-18	CTGCCAATCCCGCAGATGAAGCATTTGGTCTCCATATCTTCCTTCACTTGCT	52
DNA001-19	CTGCGGGATTGGCAGTGACTACTTCGATACCACGCCGCACGGCTTCGAGACCC	53
DNA001-20	CATGTAATTGGCCAGATTGTGCTCCTCTAGCGTGTGGGTCTCGAAGCCGTG	51
DNA001-21	CACAATCTGGCCAATTACATGTTCTTCTTGATGTATCTGATAAACAAGGAC	51
DNA001-22	ACTCCTGGCCCGTGTGCTCCGTCTCGTCCTTGTTTATCAGATACATCAAGAA	52
DNA001-23	CACACGGGCCAGGAGTCCTACGTCTGGAAGATGTATCAGGAGAGGTGCTGGG	52
DNA001-24	ACTGCTTGCGGAAGCAGTCGCCGGCGGGGAAGAAGTCCCAGCACCTCTCCTGATA	55
DNA001-25	CTGCTTCCGCAAGCAGTACGAGGACCAGCTGAGCTGAGAAGCTTGCATGCCTGCA	55
DNA001-26	GTCACAGGGATGCCACCCGGGATCCTCTAGAGTCGACCTGCAGGCATGCAAGCTT	55

任务3　实时荧光定量PCR检测目的基因

任务描述			
教学方法	任务驱动	教学模式	理实一体
建议学时	4	教学地点	理实一体化教室
任务要求	以人外周血为实验样本，提取基因组DNA后，利用实时荧光定量PCR技术（TaqMan探针法）对人GAPDH基因进行检测。		qPCR原理

学习目标	知识和技能目标	素养和思政目标
	1. 掌握实时荧光定量PCR的基本原理和实验方法，深入理解qPCR和普通PCR的区别； 2. 能够根据实验要求迅速准确地完成PCR体系的配制，能够根据实验要求完成qPCR反应程序的设置； 3. 掌握实时荧光定量PCR仪的使用；能够用实时荧光定量PCR技术测定基因表达量并进行结果分析。	1. 通过图谱分析及结果判定，培养灵活运用知识分析问题、解决问题的能力； 2. 通过核酸检测试剂盒开发的故事，体会"同心战疫，共渡难关"抗疫精神的核心内涵。

任务准备	
设备、耗材和试剂	1. 设备：荧光定量PCR仪、NanoDrop 2000、微量移液器、涡旋振荡器、低温高速离心机。 2. 耗材：96孔板、2mL EP管、移液器吸头、双面板。 3. 试剂：正常人血液样本、通用型柱式基因组DNA提取试剂盒、ssDNA标准品、引物、探针、Entrans 2×qPCR Probe Master Mix试剂盒（ABclonal：RK21208）、ddH$_2$O。

技术路线

获取目的基因序列 → 设计并合成引物探针 → DNA抽提 → 引物探针工作液准备
↓
质量监控 ← 结果分析 ← PCR程序设置 ← PCR体系配制 ← 制备DNA标准品

任务 3　实时荧光定量 PCR 检测目的基因

任务实施		
实施步骤	实施方法	知识充电站
1. 获取基因序列	① 登录 NCBI 网站。 ② 在下拉菜单中选择 Gene，输入基因名 GAPDH 以及物种名 Human，得到人 GAPDH 基因序列； ③ 将基因序列信息保存为 ".seq" 文件。	**GAPDH**：甘油醛-3-磷酸脱氢酶的英文缩写，是糖酵解反应中的一个酶，广泛分布于各种组织中的细胞。GAPDH 基因作为一种持家基因，几乎在所有组织中都高水平表达，在同种细胞或者组织中的表达量一般是恒定的。 **持家基因（house-keeping genes）**：又称管家基因，是指所有细胞中均要稳定表达的一类基因，其产物是对维持细胞基本生命活动所必需的，如微管蛋白基因、糖酵解酶系基因与核糖体蛋白基因等。 在荧光定量 PCR 反应中常选择一个管家基因作为内参基因，来监控样本提取、PCR 反应过程是否正常，最常用的内参基因有 GAPDH、β-actin、18s rRNA 等。
2. 引物探针设计与合成	① 利用 Primer Express 3 软件设计引物探针； ② 将设计好的引物序列在 NCBI—BLAST—Primer—BLAST 中进行特异性分析； ③ 将得到的引物信息（表3-3-1）交至 DNA 服务公司进行引物探针的合成； 表3-3-1　引物信息 ④ 将扩增产物序列交至 DNA 服务公司进行 ssDNA 合成，具体序列信息如下： GCACCCTATGGACACGCTCCCCTGACTTGCGCCCCGCTCCCTCTTTCTTTGCAGCAATGCCTCCTGCACCACCAACTGCTTAGCACCCCTGGCCAAGGTCATCCATGACAACTTTGGTATCGTGGAAG，其理论分子量为 38981.15。	**TaqMan 探针设计原则**： ① 扩增产物片段一般在 75～150bp。 ② 探针长度一般在 20～30bp，以保证结合特异性。 ③ 探针 T_m 值在 65～70℃，通常比引物的 T_m 值高 5～10℃（至少5℃），以确保在退火过程中探针优先与目的片段结合。 ④ 探针 GC 含量一般在 40%～70%。 ⑤ 探针的 5' 端应避免使用 G（鸟嘌呤），因为 5' 端的鸟嘌呤对荧光基团的荧光有猝灭作用。 ⑥ 整条探针中，碱基 C 的含量要明显高于 G 的含量，G 含量过高会降低反应效率。

表3-3-1　引物信息

引物	具体序列	备注
GAPDH-F	GCACCCTATGGACACGCTC	
GAPDH-R	CTTCCACGATACCAAATTGTCA	
GAPDH-P	CGCCCCGCTCCCTCTTTCTTTGC	5'端 FAM 修饰 3'端 MGB 修饰

任务 3　实时荧光定量 PCR 检测目的基因

实施步骤	实施方法	知识充电站
3. DNA 抽提	采用 DNA 提取试剂盒提取人外周血 DNA，NanoDrop 2000 测定 DNA 浓度，最后稀释成 10ng/μL 备用。	**样本保存**：因为血液样本的特殊性，全血采集后应尽快提取基因组 DNA，若不能立即提取，则应 2～8℃放置，但不应超过 3 天；若需要长期保存，则应−20℃以下，最好−80℃保存，避免反复冻融。提取的 DNA 可在−20℃条件下保存，应避免反复冻融。 **模板类型**：qPCR 扩增检测时模板可以是 DNA 也可以是 RNA。RNA 要先将其逆转录为 cDNA 才能进行后续实验。
4. 引物探针工作液准备	根据引物探针标示的浓度，先将引物探针干粉稀释成浓度 100μmol/L 的母液，然后根据需要量吸取一定体积的母液并稀释至终浓度为 10μmol/L 的工作液备用，具体操作如下： ① 核对引物探针管壁标签上标示的浓度：5nM/OD； ② 10000r/min 离心 3min 后，加入 50μL 的 1×TE 缓冲液； ③ 静置 1min 使干粉充分溶解，涡旋混匀离心，即为 100μmol/L 的引物探针母液； ④ 实验之前，取 10μL 引物探针母液，加入 90μL 的 1×TE 缓冲液，涡旋混匀离心，即为 10μmol/L 的引物探针工作液。 **注意**：未使用完的工作液若近期仍然会使用，则可以 4℃冰箱放置备用，若一周以上不使用，则可以−20℃放置备用，但应避免反复冻融。	引物探针合成时一般以 OD 为订购单位，订购 2OD 以内为一个价格，要求 1OD/管分装。 引物探针储存时干粉状态最为稳定，−20℃以下可保存 2～3 年，甚至更长；其次以高浓度状态 100μmol/L 条件下储存，−20℃以下并避免反复冻融，可以保存至少半年以上；稀释成 10μmol/L 的引物探针可以在−20℃以下储存 3 个月以上。如果对实验的重复性要求较高，且合成的 OD 值较大，建议将引物探针事先稀释为 100μmol/L 的储存液，分装成若干份保存于−20℃以下。 实际工作时，若每次引物探针使用量不大，一般将其稀释母液进行保存，实验时每次稀释一部分为工作液进行短期保存使用。
5. DNA 标准品的制备	① 将合成的 GAPDH 基因单链 DNA 标准品干粉，10000r/min 离心 3min 后在生物安全柜中开盖，加入 100μL 1×TE 缓冲液，室温静置 1min 后，混匀离心； ② 吸取 2μL 使用 NanoDrop 2000 进行定量，根据定量的浓度以及 ssDNA 分子量计算标准品 S1 的浓度，公式如下： 拷贝数 $= 6.02 \times 10^{23}$ 拷贝/mol × 浓度 $\times 10^{-6}$ (g/mL) × 0.1mL/分子量（g/mol）$= Y \times 10^{x}$ 拷贝/μL； ③ 取 100μL 标准品溶液稀释 Y 倍为 ssDNA 标准品 S1，浓度为 10^{x} 拷贝/μL，将其分装成若干份后−20℃以下保存； ④ 将标准品进行 10 倍浓度梯度稀释，即 10μL S1 加入 90μL ddH$_2$O 中混匀离心即为稀释 10 倍，标记为 S2，依次类推； ⑤根据稀释倍数，选择数量级拷贝数为 10^{2} 拷贝/μL、10^{3} 拷贝/μL、10^{4} 拷贝/μL、10^{5} 拷贝/μL 的标准品作为定量参考品 A、B、C、D，用于荧光定量 PCR 中标准曲线的构建。	**6.02×10^{23} 拷贝/mol**：阿伏伽德罗常量，1mol 任何粒子所含的粒子数。 **标准品的选择**：可以是含有目的基因的线性化的质粒 DNA，也可以是比扩增片段长的纯化后的 PCR 产物，也可以是基因组 DNA，甚至 cDNA，但前提是所有作为标准品的核酸必须保证稳定。 一般一条标准曲线取 4～5 个点，浓度范围要能覆盖样品的浓度区间，以保证定量的准确性。

127

任务 3　实时荧光定量 PCR 检测目的基因

实施步骤	实施方法	知识充电站
6. 配制 PCR 预混液 （Mix）	**（1）确定体系用量（20μL）** 如表3-3-2。 表 3-3-2　qPCR 各组分用量 **（2）确定反应管数 N** 　　为确保实验数据的有效性，每次实验都需设有阴性对照和阳性对照，本实验阳性对照以定量参考品代替，每个样本做3个重复孔，反应管数 N=（待检样本数+阴性对照数+定量参考品数）×3。 **（3）配制 PCR 预混液** 　　为避免移液误差，预混液体积至少要多于所有反应总体积的10%。以20个待测样本为例，则Mix理论总孔数=(20+1+4)×3+5孔富余=80孔，按下表（表3-3-3）体系配制反应预混液，然后混匀离心。 表 3-3-3　qPCR 预混液组分	**阳性对照**：指结果可预知的样品，作用是证明实验体系正常，监控系统污染或故障。 　　**阴性对照**：通常没有扩增产物，不加模板或用ddH₂O代替，用来监控污染。 　　**样品重复试验**：降低操作误差。 　　**梯度稀释定量参考品**：生成标准曲线，建立 C_t 值与浓度之间的数学关系。

表 3-3-2　qPCR 各组分用量

试剂	体积
2×Entrans qPCR Master Mix	10μL
上游引物	2μL
下游引物	2μL
探针	1μL
模板	2μL
ddH₂O	3μL

表 3-3-3　qPCR 预混液组分

试剂	体积	反应数	使用量
2×Entrans qPCR Master Mix	10μL		800μL
上游引物	2μL		160μL
下游引物	2μL	×80	160μL
探针	1μL		80μL
ddH₂O	3μL		240μL

实施步骤	实施方法	知识充电站
7. PCR 加样	① 将配好的PCR预混液混匀离心后，按18μL/管分装至96孔板中； ② 取待测样本、阴性对照（ddH₂O）、定量参考品A、B、C、D各2μL分别加入相应的反应孔中； ③ 轻拍反应板混匀，10000r/min离心30s，将管壁液体全部甩至管底。 ④ 铺上封板膜，做好标记，如图3-3-1所示，4℃保存备用。 图 3-3-1　96孔板加样示意图	**加样顺序**：在qPCR反应中，加样时一般按照先加待测样本再加对照品的顺序进行加样，而加对照品时又按照先加阴性对照，再加阳性对照的顺序加样，阴性对照尽量和阳性对照间隔开来，以避免加样过程中造成污染。定量参考品作为阳性样本，其加样顺序应低浓度样本先加，最高浓度样本最后加。 　　**样本分布位置**：无具体要求，排板时若反应孔数足够，建议将待检测样本、阴性对照、阳性对照（定量参考品）都进行分隔开，以减少相互之间的污染。

任务 3　实时荧光定量 PCR 检测目的基因

实施步骤	实施方法	知识充电站
8. PCR 程序设置	**（1）确定反应条件** 如表3-3-4所示。 **表3-3-4　PCR程序设置** <table><tr><td>步骤</td><td>温度</td><td>时间</td><td>循环数</td></tr><tr><td>预变性</td><td>95℃</td><td>2min</td><td>1</td></tr><tr><td>变性</td><td>95℃</td><td>5s</td><td rowspan="2">40循环</td></tr><tr><td>退火/延伸</td><td>60℃</td><td>40s（信号采集）</td></tr></table> **（2）PCR仪程序设置：**将PCR反应板放入PCR仪的反应槽中，设置反应程序（包括荧光定量PCR扩增程序、荧光定量PCR样品孔及探针激发荧光程序、反应孔体系程序）。不同PCR仪设置方法略有不同。	*Taq*酶的最适反应温度为72℃左右，但在60℃时也会发挥活性，使引物延伸，且qPCR的扩增产物都比较短（150bp以内），所以即使不是最适反应温度，60℃ 40s的时间足以进行退火/延伸。 　　探针法荧光定量PCR技术，是实时采集荧光信号，*Taq*酶在延伸过程中，遇到探针5'端的荧光基团时即对其进行水解，荧光基团和猝灭基团分离，立即发出信号被仪器检测到。即使此时反应中断，没有延伸完全，也已产生了信号，认为进行了一轮PCR反应。所以即使没有完全延伸，也不会影响最终的结果检测。 　　因此，在qPCR过程中，一般将反应程序中的变性—退火—延伸三步，改变成变性—退火延伸两步，这样在保证信号采集的情况下大大缩短了检测的时间。
9. 结果分析	① 分析条件设定：反应结束后，根据PCR仪说明及荧光曲线进行手动或自动调整阈值和基线，得到各样品的C_t值。 ② 绘制标准曲线：以ABI 7500为例，在Plate Setup中将定量参考品的Task设置为标准品Standard，并按照10倍梯度输入定量参考品的稀释数量级（A为100，B为1000，C为10000，D为100000），然后在Analysis—Standard Curve中，即可得到标准曲线，如图3-3-2。 标准曲线 斜率: 3.44 截距: 42.838 R^2: 0.999 定量参考品拷贝数的对数 **图3-3-2　标准曲线**	**数据有效性：**对3个平行孔的实验结果必须首先判断其是否准确（空间差异＞0.5时应考虑舍弃该孔数据），然后根据标准曲线计算出各待测样品的浓度。 **扩增曲线：**在荧光定量PCR过程中，以循环数为横坐标，以反应过程中的实时荧光强度为纵坐标所做出的曲线，即为扩增曲线。典型"S"形扩增曲线分为基线期、对数期以及平台期。 **基线：**在PCR扩增反应的最初数个循环里，荧光信号变化不大，接近一条直线，这样的直线即为基线。通常是3～15个循环的荧光信号。

129

任务3　实时荧光定量 PCR 检测目的基因

实施步骤	实施方法	知识充电站
9. 结果分析	③ 根据标准曲线信息，得到标准方程：$Y=-3.44X+42.838$。（Y 为纵坐标定量参考品的 C_t 值；X 为横坐标定量参考品拷贝数的对数；3.44 为标准曲线的斜率；42.838 代表标准曲线的截距。） ④ 将待测样本的 C_t 值代入上述公式，算出待测样本中 GAPDH 基因的初始浓度（10^X 拷贝/μL）。	**阈值：** 荧光扩增曲线上人为设定的一个值，它可以设定在荧光信号指数扩增阶段任意位置上，一般荧光阈值的设置是 3～15 个循环的荧光信号的标准偏差的 10 倍（机器自动设置）。 **C_t 值：** 每个反应孔内的荧光信号达到设定的阈值时所经历的循环数。每个模板的 C_t 值与该模板的起始拷贝数存的对数存在线性关系，起始拷贝数越多，则最终反应的 C_t 值越小，如图3-3-3。 图3-3-3　qPCR 扩增曲线
10. 质量监控	①四个定量参考品：均有典型"S"形扩增曲线，且标准曲线相关系数 $R \geqslant 0.99$，扩增效率在 90%～110% 之间； ② 阴性对照无扩增，说明没有污染； ③ 待检测样本有典型"S"形扩增曲线，说明 DNA 提取以及检测过程正常。	**R^2** 指的是相关系数，用于判断回归方程的拟合程度，理想状态是 1，但达不到，一般应该在 0.99 以上。越接近 1，说明这条直线与原始数据（即测出的那些点）越吻合。 **扩增效率** 接近 100% 是优化的重复性好实验的最好标志。低于 90% 说明体系中存在抑制因子，反应条件不佳或者反应体系中荧光组分出现降解；高于 110% 说明可能存在人为稀释或者加样的误差或者存在引物二聚体及杂扩增。

思政微课堂 12

抗击新冠疫情科技攻关的"中国速度"

【事件】

2020年年初突发的新型冠状病毒肺炎是近百年来人类遭遇的影响范围最广的全球性大流行病,对全世界是一次严重危机和严峻考验,人类生命安全和健康面临重大威胁。

面对前所未知、来势汹汹的疫情天灾,中国共产党和中国政府高度重视、迅速行动,果断打响疫情防控阻击战,充分展现了中国力量、中国精神、中国效率。

面对未知的新冠病毒,中国坚持以科学为先导,充分运用近年来的科技创新成果,组织协调全国优势科研力量,坚持科研、临床、防控一线相互协同和产学研各方紧密配合,为疫情防控提供了有力科技支撑,彰显了应急攻关的"中国速度"。

在疫苗研发方面,中国按照灭活疫苗、重组蛋白疫苗、减毒流感病毒载体疫苗、腺病毒载体疫苗、核酸疫苗五条技术路线开展疫苗研发。总体研发进度与国外持平,部分技术路线进展处于国际领先。

在检测手段方面,中国推出一批灵敏度高、操作便捷的检测设备和试剂,检测试剂研发布局涵盖核酸检测、基因测序、免疫法检测等多个技术路径,使检测时间更短、结果更准、操作更简便。

在可诊可治方面,坚持"老药新用"基本思路,积极筛选有效治疗药物,探索新的治疗手段,在严谨的体外研究和机制研究基础上,推动磷酸氯喹、恢复期血浆、托珠单抗和中医药方剂、中成药等10种药物或治疗手段进入诊疗方案,逐步形成应对新冠肺炎"主打方案"。

在疫情防控方面,充分利用大数据、人工智能等新技术,进行疫情趋势研判,开展流行病学调查。建立数据库,依法对不同风险人群进行精准识别,预判不同地区疫情风险,为促进人员有序流动提供服务。

【启示】

1. 中国共产党具有强大的领导力、组织力和凝聚力,领导组织全国人民积极应对疫情防控人民战争,贡献了抗疫中国方案。

2. 科学技术是人类同疾病较量的有力武器,人类战胜大灾大疫离不开科学发展和技术创新。

【思考】

1. 如何理解"科学技术是第一生产力"?
2. 从中国科技工作者身上你感受到了哪些科学精神?

任务3　实时荧光定量 PCR 检测目的基因

扩展学习

数字PCR

1. 数字PCR的发展

数字 PCR（digital PCR, dPCR）是近年来发展起来的一种突破性的定量分析技术。1990年耶鲁大学医学院应用单分子稀释（single molecular dilution，SMD）PCR 和泊松统计的方法研究单倍体 DNA。1992年 Sykes 等检测复杂背景下低丰度的 IgH 重链突变基因时，利用样品的有限稀释，让每个孔中只获得单个模板分子，通过计算 PCR 后的扩增信号，以期准确地确定起始分子的数量，虽然没有明确提出"数字 PCR"的概念，但是已经建立了数字 PCR 基本的实验流程，并且确定了数字 PCR 检测中一个极其重要的原则——以"终点信号的有或无"作为定量方法。这就是数字 PCR 的雏形。1999年 Vogelstein 等在检测粪便中进行癌变组织游离细胞的 BRAF 特异突变型基因时，因受到体细胞基因的干扰，而遇到检测灵敏度和检测分辨率的瓶颈，采用了在 384 孔板中对每个反应孔的样品量进行极限稀释并增加反应孔数进行检测的方式，从而提出了数字式 PCR 的概念，同时也提出如果采用更多孔板其检测灵敏度会更高，从而指出了数字 PCR 系统的发展方向。

2. 数字PCR的原理

标准 PCR 反应体系经过微滴发生后，分配到约 30000 个微滴中，每个微滴包含或不包含一个或多个拷贝的目标分子（DNA 模板），实现"单分子模板 PCR 扩增"，扩增结束后含有核酸分子模板的微滴会给出荧光信号，最终根据泊松分布原理以及阳性微滴的比例，分析软件可计算给出目的分子的浓度或拷贝数。数字 PCR 可以直接计算目标序列的拷贝数，因此无需依赖于对照样品和标准曲线就可以进行精确的绝对定量检测；此外，由于数字 PCR 在进行结果判读时仅判断有/无两种扩增状态，因此也不需要检测荧光信号与设定阈值线的交点，完全不依赖于 C_t 值的鉴定，因此数字 PCR 的反应受扩增效率的影响大大降低，对 PCR 反应抑制物的耐受能力大大提高；数字 PCR 实验中标准反应体系分配的过程可以极大程度上降低与目标序列有竞争性作用的背景序列浓度。

3. 数字PCR应用领域

（1）医学、药学方向　肿瘤研究；传染性疾病研究（细菌、真菌、病毒、支原体）；NIPT；器官移植监控；干细胞研究、移植监控；药物基因组学开发；生物标志物开发；药物生产质控等。

（2）食品安全　致病微生物、食品过敏原、痕量检测和 GMO 转基因等检测。

（3）环境监控、宏基因组研究。

工作任务单

任务名称					
姓名		班级		日期	

目的基因信息

基因名称		基因功能	
基因长度		基因信息网址	
引物设计	上游引物：		
	下游引物：		
探针设计			

标准品信息

类型	□PCR 扩增片段　□重组质粒　□目的靶点的体外转录 RNA　□其他
标准品 序列	
引物探针 标准品合成	
DNA 抽提产物 浓度检测结果	
qPCR 体系	
样品分布 示意图	
qPCR 程序	

任务 3　实时荧光定量 PCR 检测目的基因

标准曲线	
标准方程	
目的基因定量结果	

教师考核			
考核内容	考核指标	配分	得分
DNA抽提（15%）	操作规范性	10	
	DNA抽提产物的浓度及纯度	5	
体系配制（35%）	引物稀释	5	
	标准品梯度稀释	5	
	PCR预混液配制准确性	5	
	加样规范性	5	
	样品96孔板排布	15	
程序设置（20%）	程序设计	10	
	操作规范性	10	
实验结果（30%）	标准曲线	15	
	目的基因定量检测	15	
总体评价			
考核人签字		总分	

任务 3　实时荧光定量 PCR 检测目的基因

任务检测

姓名＿＿＿＿＿　　班级＿＿＿＿＿　　成绩＿＿＿＿＿

一、选择题（每题5分，共50分）

1. 下列有关荧光定量PCR的方法，错误的是（　　）。

　　A. 在扩增的指数期定量　　　　　　　　　B. 采用内标和外标的方法均可

　　C. 可采用TaqMan探针　　　　　　　　　　D. 在扩增的终点测定定量

2. TaqMan探针采用的是（　　）。

　　A. 荧光标记的探针　　　　　　　　　　　B. 生物素标记的探针

　　C. 同位素标记的探针　　　　　　　　　　D. SYBR Green荧光染料

3. 下列关于荧光染料的论述错误的是（　　）。

　　A. 目前常用的荧光染料为SYBR Green Ⅰ、SYBR Green Ⅱ、SYTO9、HRM等

　　B. 与双链DNA结合后受激产生荧光

　　C. 结合于双链核酸的大沟处

　　D. 在变性条件下双链分开，荧光消失

4. 下面属于SYBR Green Ⅰ方法特点的是（　　）。

　　① 适用性广，灵敏，方便且成本低的一种定量PCR方法；

　　② 用于病原体检测，疾病耐药性基因研究，药物疗效考核及遗传疾病的诊断；

　　③ 特异性高，重复性好，只适合特定目标；

　　④ 引物要求高，易出现非特异性条带；

　　⑤ 适合科研中对各种目的基因定量分析，基因表达量的研究，转基因重组动植物的研究；

　　⑥ 需要做熔解曲线来确认扩增产物特异性。

　　A. ①④⑤⑥　　　　　　　　　　　　　　B. ①②③④

　　C. ②③⑤⑥　　　　　　　　　　　　　　D. ③④⑤⑥

5. 荧光探针的＿＿＿端是荧光报告基团，＿＿＿＿端是猝灭基团。（　　）

　　A. 3′，5′　　　　　　　　　　　　　　　B. 3′，3′

　　C. 5′，5′　　　　　　　　　　　　　　　D. 5′，3′

6. 以下是经过PCR扩增后得到的C_t值，哪个样品的DNA原始拷贝数最多？（　　）

　　A. 样品1，$C_t=20$　　　　　　　　　　　B. 样品2，$C_t=22$

　　C. 样品3，$C_t=24$　　　　　　　　　　　D. 样本4，$C_t=28$

7. 定量PCR扩增仪的关机顺序一般为（　　）。

　　A. 关软件→关PCR仪→关电脑　　　　　　B. 关软件→关电脑→关PCR仪

　　C. 关PCR仪→关软件→关电脑　　　　　　D. 关PCR仪→关电脑→关软件

　　E. 关电脑→关PCR仪→关软件

135

任务 3　实时荧光定量 PCR 检测目的基因

8. TaqMan 水解探针法进行扩增时，哪种酶水解探针使得报告基团与猝灭基团分离？（　　）

　　A. 3′-5′聚合酶　　　　　　　　　　　　B. 3′-5′外切酶

　　C. 5′-3′聚合酶　　　　　　　　　　　　D. 5′-3′外切酶

9. 下列关于 C_t 值的描述正确的是（　　）。

① C_t 值的定义是 PCR 扩增过程中，荧光信号开始由本底进入指数增长阶段的拐点所对应的循环数；

② 用不同浓度的 DNA 做 PCR，DNA 浓度越高，C_t 值越小

③ DNA 浓度每增加 1 倍，C_t 值减小一个循环；

④ C_t 值与模板 DNA 的起始拷贝数成反比；

⑤ 平台期 DNA 拷贝数与 C_t 值呈线性关系；

　　A.①②③④　　　　　　　　　　　　　B.①②③⑤

　　C.①③④⑤　　　　　　　　　　　　　D.②③④⑤

10. 在荧光定量 PCR 中能够使得 SYBR Green I 发光的是（　　）。

　　A.非特异性扩增的产物　　　　　　　　B.引物二聚体

　　C.特异性扩增的产物　　　　　　　　　D.双链 DNA 模板

二、判断题（每题4分，共40分）

1. 荧光定量 PCR 能够实时监测 PCR 反应的全过程，对每一个循环进行定量或定性分析；而普通 PCR 只能对反应终产物进行半定量或定性分析。（　　）

2. 进行荧光定量 PCR 反应时，反应全部结束后，仪器才开始收集反应过程中产生的荧光。（　　）

3. 荧光定量 PCR 相比于普通 PCR 的反应程序，没有室温延伸这个程序，因为其延伸片段很短，在下一轮的高温变性过程中就可以完成片段的延伸。（　　）

4. 染料法相比于探针法更容易产生假阴性。（　　）

5. 荧光定量 PCR 的结果分析可以直接通过电脑读出，而普通 PCR 的结果必须通过电泳进行条带分析。（　　）

6. C_t 值是阈值线与扩增曲线的交点对应在 X 轴上的值，是指每个反应管内的荧光信号到达设定阈值时所经历的循环数。（　　）

7. 当循环数等于 C_t 值时，反应进行到指数阶段，此时可以根据样品扩增达到阈值的循环数即 C_t 值就可计算出样品初始模板量。（　　）

8. SYBR Green I 是一种结合于所有 dsDNA 双螺旋小沟区域的具有绿色激发波长的染料。（　　）

9. 无论 SYBR Green 荧光定量还是 TaqMan 探针定量，随着扩增反应的进行，荧光信号都是随着 PCR 产物的增加而增强的。（　　）

10. 探针法荧光信号强度与 DNA 分子总数成正比。（　　）

三、简答题（15分）

荧光定量 PCR 与普通 PCR 的区别是什么？（15分）

参考答案

项目四
重组质粒的构建与筛选

项目简介

目的基因和载体经酶切处理后形成相同黏性末端，两个DNA片段的黏性末端按照碱基互补原则结合，在连接酶的作用下，平末端和黏性末端都能使接头之间形成磷酸二酯键从而形成新的闭环DNA重组分子。由于大肠杆菌感受态细胞是经过特殊处理过的，很容易吸收外源基因，并能够使其在宿主细胞体内稳定存在，经过一定时间的培养，大肠杆菌大规模增长，此时外源基因在宿主体内也得到了大量扩增。如图4-0-1。判断基因克隆是否成功必须是从转化菌落中筛选含有阳性重组子的菌落，并鉴定重组子的正确性。常用的克隆载体如pUC系列载体，表达载体如pET系列载体，不同的克隆载体及相应的宿主系统，其重组子的筛选、鉴定方法不尽相同，包括遗传性状筛选法、酶切鉴定、菌液PCR、基因测序等方法。

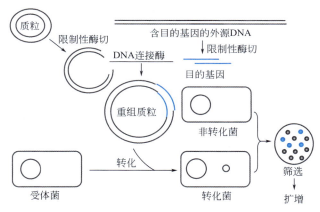

图4-0-1 重组质粒构建技术流程图

经过筛选后将正确的阳性克隆转入表达菌株，让克隆的外源基因在原核细胞中以发酵的方式快速、高效地合成基因产物，从而生产出有重要价值的蛋白产品。用乳糖操纵子作为启动子进行蛋白质表达的时候，需要诱导物进行诱导，但乳糖可以被细胞利用掉，而利用IPTG在结构上与乳糖的相似性也可以将基因表达启动，它不能被细胞利用掉，从而实现持续的诱导表达。表达蛋白经AKTA蛋白纯化系统纯化，再经浓度和分子量鉴定，判断目的基因是否成功表达。本项目以人工合成的牛胰腺DNA酶*I*基因（786bp）为目的基因，设置了3个任务，分别是"**大肠杆菌感受态的制备**""**重组质粒的过构建与筛选**""**目的基因的蛋白表达、纯化与功能验证**"，通过三个任务的学习，让学生掌握目的基因从合成到最终表达的一般过程，熟练酶切、连接、转化、菌检、蛋白纯化与鉴定的基本操作。

任务1 大肠杆菌感受态的制备

任务1　大肠杆菌感受态的制备

任务描述			
教学方法	任务驱动	教学模式	理实一体
建议学时	4	教学地点	理实一体化教室
任务要求	处于对数生长期的细菌经过$CaCl_2$处理以后接受外源DNA的能力显著增强，通过本任务诱导受体细菌处于一种短暂的感受状态，进而进行分装、冻存和效价测定，以便进行后续实验。		
学习目标	**知识和技能目标**　　1. 掌握感受态细胞的概念和用途，化学法制备感受态的原理，感受态细胞效价的测定及计算方法；　　2. 能够根据实验要求迅速准确地完成菌种活化、感受态的制备和保存；能够在老师的指导下完成感受态效价的测定。		**思政和职业素养目标**　　1. 培养实验设计、团队协作和分析解决问题的能力；　　2. 感受态制备后的效价测定，不合格重新制备，直至合格方可贴标签保存，结合"当好药品质量守门员"的小故事，培养质量意识和责任心。　　3. 通过"当好药品质量守门员"的小故事，培养质量意识和责任担当。

任务准备	
设备、耗材和试剂	1. 设备：恒温培养箱、制冰机、冷冻离心机、恒温摇床、压力蒸汽灭菌器、紫外分光光度计、–80℃冰箱、超净工作台、1mL/200μL微量移液器。 2. 耗材：移液器吸头、摇菌管、LB平板、1.5mL离心管和500mL离心杯。 3. 试剂：LB液体培养基、10%甘油、0.1μg/μL的pUC19质粒、0.1 mol/L $CaCl_2$、pUC57-Amp质粒。

技术路线

菌种活化 → 受体菌培养 → 感受态制备 → 感受态分装与冻存 → 感受态效价测定

任务 1 大肠杆菌感受态的制备

任务实施

实施步骤	实施方法	知识充电站
1. 菌种活化	提前一天，将菌液在LB的平板上进行划线分离，并过夜培养。	菌种活化就是将保藏状态的菌种放入适宜的培养基中培养，使其活性得以恢复。平板划线分离法可以通过分区划线稀释而得到较多独立分布的单个细胞。
2. 超净工作台灭菌	① 打开超净工作台，用75%酒精清洁工作台面，将本次实验用耗材放入超净台内； ② 将玻璃门底边降至底端，打开紫外灯，照射30min以上； ③ 关闭紫外灯，将玻璃门底边升降至合适高度处，开启风机，通风10min以上。	超净工作台是一种局部净化设备，可以通过紫外线杀菌和连续洁净空气通过，造就局部高度洁净的空气环境。 设备工作原理：通过风机将空气吸入，通过高效过滤器过滤，将过滤后的空气以水平垂直或水平气流的状态送出，使操作区域持续在洁净空气的控制下达到百级洁净度。 紫外杀菌原理：细菌被紫外线辐照后，引起DNA断裂和蛋白质变性，造成核酸和蛋白的交联破裂，杀灭核酸的生物活性，细菌丧失代谢能力，致细菌死亡。
3. 受体菌培养	① 从LB平板上挑取新活化的单菌落，接种于4mL LB液体培养基中，37℃振荡培养过夜（12～18h）； ② 将上述菌液全部接种到含400mL LB液体培养基的2L摇瓶中，37℃ 300r/min振荡培养至对数生长期（1.5～2h，OD_{600}= 0.6～0.8）。	根据微生物的生长速率，一般将微生物生长典型曲线粗分为延迟期、对数期、稳定期和衰亡期四个时期，如图4-1-1。在对数生长期微生物细胞数量呈指数递增，此时酶系活跃，代谢旺盛，细胞群体的形态与生理特性最一致，抗不良环境的能力最强。 图4-1-1 微生物生长典型曲线

139

任务1 大肠杆菌感受态的制备

实施步骤	实施方法	知识充电站
4. 感受态制备	① 将菌液转移至冰上预冷的500mL离心杯中，冰浴30min，同时将离心机400r/min 10min预冷至4℃； ② 以4000r/min离心10min，回收细胞，倒出培养液，将管倒置1min，使最后残留的痕量培养液流尽； ③ 以350 mL用冰预冷的0.1mol/L $CaCl_2$重悬每份沉淀，冰浴30～90min； ④ 4℃，4000r/min离心10min，回收细胞，倒出培养液，将管倒置1min，使最后残留的痕量培养液流尽； ⑤ 每50mL初始培养物用2mL用冰预冷的0.1 mol/L $CaCl_2$（含10%甘油）重悬细胞沉淀，冰上静置30min即得到新鲜的感受态细胞。	**感受态细胞**：理化方法诱导细胞，使其处于最适摄取和容纳外来DNA的生理状态。直观地说，使得细胞膜表面出现一些孔洞，便于外源基因或载体进入感受态细胞。由于细胞膜的流动性，这种孔洞会被细胞自身所修复。 **感受态制备原理**：感受态细胞的制备常用冰预冷的$CaCl_2$处理细菌的方法制备，即用低渗$CaCl_2$溶液在低温（0℃）时处理快速生长的细菌，使细菌膨胀成球形，外源DNA分子在此条件下易形成抗DNA酶的羟基-钙磷酸复合物黏附在细菌表面，通过热激作用促进细胞对DNA的吸收，转化效率可达10^6～10^7转化子/μg DNA。
5. 感受态分装与冻存	① 冰上将感受态细胞分装至1.5mL离心管中，每支100μL； ② 将分装好的感受态迅速转移至–80℃冰箱保存，有效期3个月。	感受态细胞的细胞壁以及细胞膜都有损伤，十分脆弱，如果保存不当，会由于细胞膜的流动性造成不可逆损伤，甚至死亡。如果对转化率要求高，感受态细胞最好是现制现用，将新鲜制备的感受态放在4℃冰箱中，4～6h后，其转化率是最高的；加入甘油或者DMSO等抗冻剂以后，放入–80℃可保存3～6个月。
6. 感受态效价测定	① 将0.1ng/μL的pUC57-Amp转入到制备好的感受态中，具体转化和涂板方法见项目一任务4； ② 第二天根据长斑情况来判断感受态效价。转0.1ng标准质粒到100μL感受态细胞中，1.5kV电压电击，37℃培养1h，稀释涂布（一般稀释成10^2～10^3梯度来进行涂布）后培养过夜，如图4-1-2； ③ 判断标准：效价达到10^6以上，没有杂菌污染，方可填写批次记录，进行下一步实验。 图4-1-2　大肠杆菌生长情况	**感受态效价**即转化频率，转化后在含抗生素的平板上长出的菌落即为转化子，根据此皿中的菌落数可计算出转化子总数，进而计算转化频率，具体公式如下： **转化子总数**=菌落数×稀释倍数×转化反应原液总体积/涂板菌液体积。 **转化频率**（转化子数/μg质粒DNA）=转化子总数/质粒DNA加入量（μg）

140

思政微课堂13

当好药品质量"守门员"

【事件】

1. 1954年,西德格兰泰药厂的一位药剂师在合成抗生素时,偶然得到一种副产品——沙利度胺,发现这种药物不仅有良好的镇静催眠作用还能抑制妊娠期妇女的呕吐反应,且在动物试验过程中几乎没有出现副作用。1957年,沙利度胺以"反应停"为药名开始上市销售,迅速推向各国。但在该药热销后不久,一些国家的医生发现某些地区畸形婴儿的出生率开始异常上升。这些孩子有一个共同特点,母亲在孕期服用过"反应停"。由于服用该药物,最终导致1.2万多名畸形婴儿诞生,其危害震惊全球,被称为"反应停"事件。后来人们发现沙利度胺存在手性,它的左旋体具有极其强大的致畸性,同时药物本身也是左旋体和右旋体的混合物。当时的药厂并不知晓异构体的存在,没有通过足够的实验来完善药物的安全性检查,最终造成了重大不良事件的发生。

2. 2007年7月,广西、上海等地医院的白血病患儿陆续出现下肢疼痛、乏力、行走困难等不良反应症状,他们都使用了某制药厂生产的两个批号的注射用甲氨蝶呤。后续事件调查表明,该药厂在生产过程中,操作人员将硫酸长春新碱尾液混入注射用甲氨蝶呤的生产中,导致多个批次的药品被污染。而相关人员隐瞒违规生产的事实,最终导致重大的药品生产质量责任事故。

药品质量直接关系到人民群众的身体健康,质量管理应当贯穿药品生产的全过程,遵循"质量源于设计"的理念,从药品研发设计、生产管理、质量检测、员工质量意识等方面不断完善,才能确保药品的质量。坚守质量唯有脚踏实地一步一步积累的"笨办法","质量人好比足球场上的守门员,光靠守门员的努力,显然是不能赢得一场比赛的"。

【启示】

1. 树立质量是一种企业价值、一种企业尊严的观念。质量保证是企业的生命,也是企业人的使命。应该像维护个人声誉一样维护企业产品的质量。

2. 药品安全责任重于泰山,保障药品安全是技术问题,管理问题,也是道德问题和民心工程。

3. 追求产品高质量是一个追求卓越的过程,不能停留在喊口号、贴标语,必须落实在行动上,严格按照操作规程进行作业,树立不将不良品流到下一站的质量理念,脚踏实地地把品质做好。

4. 质量不能仅靠质量部门把关,只有全体生产制造人员共同努力,才可能生产出优质产品。

【思考】

1. 如何领会"药品安全关系人身健康和生命安全,容不得含糊"的思想?
2. 作为生物医药人,如何守好自己的质量"球门"?

任务1　大肠杆菌感受态的制备

扩展学习

电转化法制备大肠杆菌感受态细胞

1. 感受态制备原理

　　制备感受态细胞的方法主要有两种，化学法和电击法。化学法简单、快速、稳定、重复性好，菌株适用范围广，感受态细菌可以在−70℃保存，因此被广泛用于外源基因的转化。大肠杆菌的感受态细胞制备原理是取对数生长期的细菌处于0℃，$CaCl_2$的低渗溶液中，菌体细胞膨胀成球形，转化混合物中的DNA形成抗DNA酶的羟基-钙磷酸复合物黏附于细胞表面，经42℃短时间热冲击处理，促使细胞吸收DNA复合物，在丰富培养基上生长数小时后，球状细胞复原并分裂增殖，被转化的细菌中，重组子中的基因得到表达。对这种现象的一种解释是$CaCl_2$能使细菌细胞壁的通透性增强。

　　除化学法转化细菌外，还有电转化法。电击法不需要预先诱导细菌的感受态，依靠短暂的电击，通过瞬间的高压电流，在细胞上形成孔洞，使外源DNA进入胞内，从而实现细胞的转化。电激转化的效率往往比化学法高出2～3个数量级，达到$1×10^9$转化子每$1μg$ DNA，甚至$1×10^{10}$转化子每$1μg$ DNA，所以常用于文库构建时的转化或遗传筛选，因操作简便，愈来愈为人们所接受。因此采用电转化法，感受态细胞制备无需$CaCl_2$处理，但仍需要将细胞活化并培养到对数生长期。

2. 制备步骤

　　① 菌种的活化：取−70℃的冰箱中感受态细胞Top10在LB平板上进行划线分离；

　　② 菌种的前培养：从LB平板上挑取相应的单菌落，接种于10mL LB液体培养基中，37℃振荡培养过夜至对数生长中后期，检测菌液600nm吸光度（OD_{600}值）；

　　③ 取过夜菌接种到1.3L，37℃预热的SOB培养基中（培养基应提前加入葡萄糖液体、蔗糖液体、镁离子液体），使菌液初始OD_{600}为0.02，37℃ 220r/min，2h后测定菌液OD_{600}，至菌液OD值达到0.8；

　　④ 将菌液置于冰水混合物中手摇10min（使温度为5℃以下），在冰水混合物中冰浴1h；

　　⑤ 菌液分装至500mL离心瓶中，4℃，$800×g$，20min离心；

　　⑥ 将离心瓶置于冰上，迅速倒掉上清。每个离心瓶中加入100mL电转三蒸水重悬细胞后，4℃，$800×g$，20min离心，重复2次；

　　⑦ 将离心瓶置于冰上，迅速倒掉上清，每瓶加入预冷的20%甘油混合液，重悬细胞；

　　⑧ 细胞重悬后，置于冰上，分装到1.5mL EP管，干冰速冻后，放于−70℃冻存。

任务 1　大肠杆菌感受态的制备

工作任务单				
任务名称				
姓名		班级		日期	
受体菌信息				
名称		来源			

菌种活化	过程	培养结果图

受体菌对数期培养	1. 从 LB 平板上挑取新活化的单菌落，接种于＿＿mL LB 液体培养基中，37℃振荡培养＿＿h； 2. 将上述菌液全部接种到含＿＿mL LB 液体培养基的＿＿L 摇瓶中，37℃ 300 r/min 振荡培养＿＿h，$OD_{600}=$＿＿。
感受态制备过程	
感受态分装与冻存	冰上将感受态细胞分装至 1.5mL 离心管中，每支 100μL，总共分装了＿＿管，将分装好的感受态迅速转移至 –80℃ 冰箱保存。
感受态效价测定	将＿＿ng/μL 的＿＿＿＿转入到制备好的感受态中，第二天观察长斑情况，菌落数＿＿，稀释倍数＿＿，转化反应原液总体积＿＿＿，涂板菌液体积＿＿，转化频率即效价 =＿＿＿＿＿＿。

任务 1 大肠杆菌感受态的制备

教师考核			
考核内容	考核指标	配分	得分
菌种活化（25%）	操作规范性	15	
	单细胞生长结果	10	
受体菌对数期培养（25%）	操作规范性及熟练程度	15	
	对数期培养结果	10	
感受态制备及效价测定（50%）	操作规范性及熟练程度	15	
	效价高低	25	
	批次记录及保存情况	10	
总体评价			
考核人签字		总分	

任务 1　大肠杆菌感受态的制备

任务检测

姓名_____　班级_____　成绩_____

一、选择题（每题3分，共24分）

1. 菌种活化的目的是（　　）。

A. 培养细胞到生长最旺盛 　　　　　　B. 培养细胞到对数生长期

C. 使处于休眠的细胞恢复活性 　　　　D. 使死了的细胞活过来

2. 超净工作台以下说法正确的是（　　）。

A. 利用负压做到无菌 　　　　　　　　B. 局部达到百级洁净度

C. 只需要紫外杀菌 　　　　　　　　　D. 只需要风机交换空气

3. 紫外杀菌的原理是（　　）。

① 杀灭核酸活性 　　　　　　　　　　② 杀灭蛋白质活性

③ 引起DNA断裂和蛋白质变性 　　　　④ 使细菌细胞丧失代谢能力而死亡

A. ①②③④ 　　　　　　　　　　　　B. ②③④

C. ①③④ 　　　　　　　　　　　　　D. ①②③

4. 感受态细胞制备过程中关于离心错误的是（　　）。

A. 离心的目的是回收细胞，去掉培养液等物质

B. 离心设置4000r/min，没有设置更高转速的原因是为后续重悬更容易一些

C. 离心后一定要将上清液尽量倒干净

D. 离心主要为了回收细胞，用手掌离心机简单离心就可以

5. 以下关于感受态细胞的保存错误的是（　　）。

A. 感受态可以大支保存反复使用

B. 感受态拿出来必须一次性用完，不能反复冻融

C. 感受态从冰箱拿出来以后为了确保活性建议放在干冰中

D. 感受态-80℃可保存3～6个月，建议3个月内使用

6. 我们应该如何保证产品质量？错误的是（　　）。

A. 我们首先要有质量意识，知道质量很重要

B. 有了质量意识的情况下，要严格按照SOP执行，脚踏实地把品质做好

C. 要时刻把维护产品的质量放在第一位

D. 人非圣人，孰能无过，质量出了问题不要紧，关键是要及时改正

7. 电转化法和化学转化法，在制备感受态这一过程，主要区别在哪里？（　　）

A. 电转化不用对数生长期诱导 　　　　B. 电转化不用菌种活化

C. 电转化法不用冰水处理 　　　　　　D. 电转化法不用$CaCl_2$处理

145

8. 对数生长期细胞600nm的吸光度范围是（　　）。
   A. 0.6～1   B. 0.1～0.6
   C. 0.6～0.8   D. 0.6

二、判断题（每题3分，共30分）

1. 超净工作台里工作的时候需要一直开着紫外灯，以保证持续灭菌状态。（　　）
2. 超净工作台中诸如手机之类与实验无关的物品严禁带入。（　　）
3. 超净工作台操作的过程中，因为有玻璃门的遮挡，双人操作的时候可以多沟通交流。（　　）
4. 微生物生长的延滞期细胞处于适应期，此时总数量基本保持不变。（　　）
5. 微生物生长的稳定期是因为营养物质耗尽，细胞不再生长。（　　）
6. 微生物生长的对数期生理特征最稳定，最适合做感受态。（　　）
7. 感受态是一种特殊的细胞类型，这种细胞可以稳定维持最佳摄取外源DNA状态。（　　）
8. 感受态细胞是细胞的一种状态，这种状态非常不稳定。（　　）
9. 感受态细胞从冰箱拿出来使用后，用不完要及时冰箱保存。（　　）
10. 自用感受态制备好后不用进行效价测定，用的时候自然知道效果，可以节省时间。（　　）

三、简答题（26分）

1. 什么是感受态细胞？感受态细胞摄取外源DNA的原理是什么？（10分）
2. 简述化学法制备感受态细胞的原理。（10分）
3. 简述化学法感受态细胞制备的实验流程。（6分）

四、论述题（20分）

你如何理解"质量是药企的命脉"这句话？你认为作为一个一线技术员，应该从哪些方面去维护企业产品的质量？

参考答案

任务2　重组质粒的构建与筛选

任务描述

教学方法	任务驱动	教学模式	理实一体
建议学时	8	教学地点	理实一体化教室

任务要求	以人工合成的牛胰腺 *DNase* I 基因为目的基因（786bp），连接到表达载体 pET-30a 上，转入 TOP10 感受态中，通过 PCR 检测和测序筛选阳性克隆。

学习目标	知识和技能目标	思政和职业素养目标
	1. 掌握限制性核酸内切酶和 T_4 连接酶的工作原理，化学转化法的原理，了解转化子筛选的常用方法； 2. 能够根据实验要求迅速准确地完成酶切、连接和转化实验，并在老师的指导下对转化子进行阳性筛选。	1. 实验步骤较多，而且具有很强的连续性，培养耐心、韧性及处理复杂实验的能力； 2. 科学技术本身并没有价值观，但在应用基因技术时，要意识到这项技术的两面性和本身存在的伦理学问题，要尊重生命，尊重法律，要对人类和生命高度负责。

任务准备

设备、耗材和试剂	1. 设备：PCR仪、恒温水浴锅、制冰机、恒温摇床、−80℃冰箱、高速冷冻离心机、超净工作台、1mL/200μL微量移液器、琼脂糖凝胶电泳系统。 2. 耗材：移液器吸头、摇菌管、LB平板、1.5mL离心管、PCR管。 3. 试剂：PCR产物或酶促反应回收试剂盒、DNA聚合酶、dNTP、质粒载体pET-30a、*Nde* I、*Kpn* I、T_4连接酶、LB液体培养基、琼脂糖凝胶电泳试剂。

技术路线

目的基因合成 ⟶ PCR产物和克隆载体酶切 ⟶ 酶切产物回收

转化子筛选 ⟵ 连接产物转化 ⟵ 回收载体与目的基因连接

任务2　重组质粒的构建与筛选

任务实施		
实施步骤	实施方法	知识充电站
1. 目的基因合成	利用重叠PCR技术合成目的基因 *DNase* I，此步骤可以作为准备工作，由教师和学生共同完成，合成方法见项目三的任务2。	未经处理的PCR产物是个平末端，而且由于化学合成的引物特点，其双链的4个末端均为羟基，并非为正常的5′磷酸基团，在T$_4$连接酶的作用下，酶切后的平末端载体可以和PCR产物直接相连，连接后其中一条链羟基之间的缺口可自行修复。如果需要与黏性末端载体连接，则需要在基因序列上设计相应的酶切位点，PCR产物与载体用相同的限制酶酶切后再连接。
2. PCR产物和克隆载体酶切	①将质粒载体pET-30a和PCR产物均用 *Nde* I和 *Kpn* I酶切，取PCR管，50 μL酶切反应体系如表4-2-1： **表4-2-1　PCR产物与克隆载体酶切反应体系** 表格 　　② 置于37℃水浴1h。	**限制性核酸内切酶**可以识别特定的核苷酸序列，并在每条链中特定部位的两个核苷酸之间的磷酸二酯键进行切割，简称**限制酶**。Ⅱ型限制酶能识别专一的核苷酸序列，通常是4或6个核苷酸的回文序列。切割可以有两种方式，一是交错切割，结果形成两条单链末端，称为**黏性末端**，另一种是在对称轴处切断，产生**平末端**，如图4-2-1。 **图4-2-1　平末端与黏性末端** 　　**载体**是在基因重组技术中将DNA片段转移至受体细胞进行复制和表达的一种能自我复制的DNA分子，必须具备复制子、限制酶识别位点（MCS）、标记基因和适当的拷贝数等特点，三种最常用的载体是细菌质粒、噬菌体和动植物病毒。

表4-2-1内表格：

试剂	体积
双蒸水	35μL
PCR产物/pET-30a	6μL（≈1200ng）
Nde I和 *Kpn* I	各2μL
10×缓冲液	5μL

148

实施步骤	实施方法	知识充电站
3. 酶切产物过柱回收	利用PCR产物或酶促反应回收试剂盒对酶切产物进行过柱回收。 ① 将酶促反应液移至一干净的1.5mL离心管中，加入3倍体积的缓冲液B3（Buffer B3），充分混匀； ② 将混合液全部移入吸附柱，8000r/min离心30s，倒掉收集管中的液体，将吸附柱放入同一个收集管中，滤出液再次加入吸附柱中再次过柱，可以进一步提高DNA回收率； ③ 向吸附柱中加入500μL Wash Solution（洗涤液），9000r/min离心30s，倒掉收集管中的液体，将吸附柱放入同一个收集管中。 ④ 重复步骤③一次。 ⑤ 将空吸附柱和收集管放入离心机，9000r/min离心1min。此步绝不可省略，否则残余的乙醇会严重影响得率和后续实验。 ⑥在吸附膜中央加入15～40μL Elution Buffer（洗脱液），室温静置1～2min，9000 r/min离心1min。	此步回收可以用琼脂糖凝胶电泳检测再回收目的片段，也可以直接过柱回收，过柱回收采用PCR产物或酶促反应回收试剂盒。 试剂盒采用特殊的吸附膜，能够有选择性地吸附核酸分子，去除反应液中的各种酶蛋白、引物、dNTP等，得到高质量的DNA纯化产物，可直接用于酶切、连接等后续的分子生物学试验。 过柱回收会将酶切后的片段均收回，为了减少后续载体自连，可以采用如下方法： ① 在载体酶切体系中加入去磷酸化酶，PCR产物酶切体系中不加，这样载体酶切产物无法自连，但平末端连接不适用此方法； ② 回收吸附膜有一定的载量范围，载体酶切体系中可以添加更多限制酶将非目的片段切小使得无法回收。
4. 回收载体与目的基因连接	① 取1个PCR管，20μL连接体系如表4-2-2： 表4-2-2　回收载体与目的基因连接体系 <table><tr><td>试剂</td><td>体积</td></tr><tr><td>PCR酶切产物</td><td>3μL</td></tr><tr><td>pET-30a酶切产物</td><td>3μL</td></tr><tr><td>T₄连接酶</td><td>2μL</td></tr><tr><td>2×缓冲液</td><td>10μL</td></tr><tr><td>ddH₂O</td><td>2μL</td></tr></table>② 放入PCR仪50℃，反应1h。	DNA连接酶按来源可以分为两种类型，一种是从大肠杆菌中分离的，另外一种是从T_4噬菌体中分离得到，称为T_4连接酶。两种连接酶催化反应都是连接双链DNA的缺口，在相邻的3′-OH和5′-P之间形成磷酸二酯键。DNA连接酶不能连接两条单链DNA分子，被连接的DNA链必须是双螺旋DNA分子的一部分，DNA连接酶能封闭双螺旋DNA骨架上的缺口而不能封闭空隙。缺口（nick），即在双链DNA的某一条链上两个相邻核苷酸之间失去一个磷酸二酯键所出现的单链断裂；裂口（gap），即在双链DNA的某一条链上失去一个或数个核苷酸所形成的单链断裂。
5. 连接产物转化	① 从–80℃冰箱中取出Top10感受态，用手温快速融化，待菌体处于冰水混合状态时迅速插入冰中。 ② 移液器吸取10μL的连接产物，迅速加入刚融化好的感受态中。 ③ 轻轻混匀并迅速将感受态细胞转移至冰上，静置15min。 ④ 将冰浴充分的感受态细胞迅速转移至42℃热激2min。 ⑤ 待热激结束后，迅速转移至冰上，再次冰浴10min。 ⑥ 取出试管，加入800μL培养基，37℃ 200r/min恒温培养1h。 ⑦ 5000r/min离心5min，弃掉上清（试管底部还剩下大概50μL液体）。	转化：就是一种基因型细胞从周围介质中吸收来自另一种基因型细胞的DNA，进而使原来细胞的遗传基因和遗传特性发生相应变化的现象。转化方法包括原生质体转化法，化学转化法和电穿孔法。 化学转化法的原理：将对数生长期的细菌在0℃下，用预冷的$CaCl_2$溶液低渗处理，以使菌体的细胞壁和细胞膜通透性增加，菌体膨胀成球形。

任务2　重组质粒的构建与筛选

实施步骤	实施方法	知识充电站
5. 连接产物转化	⑧ 用移液器轻轻吹打试管底部沉淀，直到肉眼看不到沉淀为止。 ⑨ 将试管中的菌液均匀涂布于含Amp、Kan的LB固体培养基上，放入37℃恒温培养箱中过夜培养。	此时用于转化的DNA可形成抗DNA酶的羟基-钙磷酸复合物黏附于细菌表面，经短暂42℃的热休克（热激反应）后，不仅使介质中的DNA易于进入细菌的细胞内，而且不易被菌体中的DNA酶降解。
6. 转化子筛选	① 把LB培养基倒入排枪槽中，然后用排枪加入200μL相应抗生素的LB培养基到96孔深孔板。 ② 用牙签分别挑取平板上的10个单菌落放到96孔深孔板中，同时在96孔深孔板和96孔筛选表上做好记录。 ③ 挑好的96孔深孔板用封口膜盖好，放在37℃摇床上摇1h。 ④ 利用菌液PCR扩增目的基因，从电泳检测到目的条带的克隆中随机挑选4个进行目的基因测序，20μL菌液PCR体系见下表4-2-3：	基因克隆成功的关键必须是从转化菌落中筛选含有阳性重组子的菌落，并鉴定重组子的正确性。不同的克隆载体及相应的宿主系统，其重组子的筛选、鉴定方法不尽相同，包括遗传性状筛选法（蓝白斑、抗性），酶切鉴定，菌液PCR、基因测序等方法。

表4-2-3　转化子筛选PCR体系

试剂	体积
ddH$_2$O	15μL
10×*Pfu*缓冲液	1.8μL
5′端引物（50μmol/L）	0.25μL
3′端引物（50μmol/L）	0.25μL
dNTP（10mmol/L）	0.2μL
菌液	2.3μL
Taq DNA聚合酶	0.2μL

理论原理讲解视频

基因克隆载体的结构　　限制性内切酶的原理　　DNA分子的体外连接方法　　重组载体的转化方法　　重组子的筛选方法

实验操作演示视频

重组载体的构建　　重组载体的转化　　重组子的筛选

150

思政微课堂14

用法律守好伦理之门

【事件】

2018年11月，时任某大学生物学副教授的贺某某，宣称世界上首例基因编辑婴儿诞生。他的团队利用CRISPR/cas9基因编辑技术，在至少7对艾滋病夫妇的受精卵中，修改了一个名为 *CCR5* 的特定基因，使得婴儿出生后即可天然免疫艾滋病。其中一对夫妇的双胞胎婴儿已经出生。

中国科技部立即对该事件给予回应，指出该行为属于严重违反国家法律法规、科研道德和伦理准则的不端行为，粗暴地践踏了人类社会最基本的伦理底线，将按照中国有关法律和条例进行严肃处理。

经查，贺某某等人伪造医学伦理审查材料，安排他人冒名顶替进行体检，违规购置仅用于内部研究、严禁用于人体诊疗的试剂原料，并将经过基因编辑的胚胎非法移植入母体。法院审理认为，贺某某等三人在法律不允许、伦理不支持、风险不可控的情况下，蓄意侵犯受试者的人格尊严、知情权，采取欺骗、造假手段，恶意逃避国家主管部门监管，实施国家明令禁止的以生殖为目的的人类胚胎基因编辑活动，严重扰乱了医疗管理秩序，情节恶劣，必须严厉打击。经宣判，贺某某等三人均获刑入狱，并处罚款。

基因编辑是一项新兴的复杂的前沿科学技术，依然存在一些亟待规避的风险。其中最主要的是"脱靶"效应，一旦发生"脱靶"，就会破坏人体中原本正常的基因，导致可能出现非常严重的遗传疾病，带来难以预料的灾难性后果。即使今后基因编辑技术成熟，如何合理地运用它，而不偏离正确的轨道，需要更审慎地进行伦理反思论证，努力形成基本的伦理共识。

【启示】

1. 科学伦理永远是科学研究不容触碰和挑战的底线。随着科学技术的进步，科学伦理建设面临着越来越多的新情况和新挑战，要以对人类和生命高度负责的态度践行科学研究中的伦理规范。

2. 出台对基因编辑技术限定的法律法规，明确科学家的道德底线和伦理准则，这是现代科学研究以及技术发明的迫切要求。

3. 加强科学与学术伦理观教育，强化责任意识、规则意识、法治意识教育，时刻保持清醒头脑，做一名对伦理底线充满敬畏，对人类福祉高度负责，有"大爱、大德、大情怀"的人。

【思考】

1. 爱因斯坦曾说："科学是一种强有力的工具，怎样用它，究竟是给人带来幸福还是带来灾难，全取决于人自己，而不取决于工具。"谈谈你对这句话的认识。

2. 通过这个事件，对自己有何警示？

任务 2　重组质粒的构建与筛选

扩展学习

重组载体构建常见的问题及解决方法

1. 目的基因的扩增

目的基因扩增后进行电泳检测，如果无条带，可能是引物设计错误，需要核查引物设计是否合理；也可能是退火温度不合适，建议设置梯度退火试验，选择最合适的退火温度。如果条带不单一，则为引物特异性不够，可适当增长引物序列的长度；如果出现引物二聚体，适当提高退火温度或者重新设计引物。

2. 载体和PCR产物的酶切

在选择酶切位点的时候，首先要对目的基因进行酶切位点扫描分析，然后对照质粒多克隆位点，所选择的克隆位点必须是目的基因所不含的酶切位点。双酶切时尽量选择酶切温度相同，缓冲液一致，最好都是实验室常用的酶，如果两个酶的最适温度不同，建议单酶切，回收后再用另一个酶切。PCR产物的酶切，在设计PCR引物时，引入酶切位点后，常常要加入保护碱基，保护碱基数量设计如果不合适可能会大大影响后续的实验进展，最好参考常用的酶切位点保护碱基，选择酶切时间短且酶切效率高的碱基数，引物的设计经验非常重要；为了保证酶切质量，酶切质粒和PCR产物的浓度和纯度要高。

3. 连接片段浓度比

① 连接比例的确定：酶切产物回收后，用琼脂糖凝胶电泳比较载体和目的片段的亮度，如果产物条带都很亮很干净，载体和目的片段可以等量添加，如果酶切后条带不是十分理想，可以调整载体与目的片段浓度比，一般载体∶片段＝（1∶3）～（1∶5）。

② 连接时间和温度：大部分连接酶室温连接2h足够，如果后续实验检测阳性克隆较少，可采用16℃过夜连接提高连接成功率。

③ 避免菌落PCR的假阳性：增加实验对照组，酶切后的载体做自连接对照，如果对照组与实验组长出的克隆数相当，则很可能存在载体自连或者没完全切开的情况，建议先不要做后续验证，重新从酶切开始，增加酶量及酶切时间、适当减少所切载体的量、改变连接比等；如果对照组没有克隆形成或鲜有克隆形成，则可继续进行后续验证。

④ 减少载体自连的方法：最常见的方法是用碱性磷酸酶对载体去磷酸化，使载体5'端的磷酸基团转化为—OH，同时对目的片段进行磷酸化以增强目的片段的连接，因为在相邻碱基间如果没有磷酸基团其连接效率大幅下降，可以有效增强目的片段和载体的连接。

153

4. 菌落PCR

挑斑时选择个头较大的单克隆，摇菌培养时间不宜过长。为了方便发现问题，菌落PCR要设置阳性对照组（原始目的片段做模板）和阴性对照组（以双蒸水为模板）。如果多次PCR均无阳性克隆存在，说明假阳性过高，可能是由于抗性失效，建议更换培养基；如果阴性对照组也有条带，可能是因为引物或其他试剂被模板污染了，建议所有试剂全部更换；如果阳性对照也无条带，可能是酶失活或者其他试剂发生问题或实验操作错误，需重新进行PCR鉴定。鉴定为阳性的克隆记得保存原菌液，避免后续转化过程发生突变而丢失连接成功的克隆。

5. 酶切鉴定

菌落PCR阳性的质粒，提取后不一定能够酶切鉴定成功。如果抽提的质粒浓度较低，建议重新转化到高拷贝的细菌中，再重新提质粒进行酶切鉴定（如BL21属于低拷贝菌，DH-5α和JM109属于高拷贝菌）；如果没有切开，可能是酶失活，建议酶切时增加阳性对照，确定酶是否好用。

6. 表达鉴定

有时候前面的克隆步骤都正确，目的蛋白就是无法表达，可能是存在以下原因：有的载体质粒为单顺反子，且启动子位于多克隆位点之后，这种情况要求扩增目的片段的引物要含有起始密码子，否则是无法表达出相应蛋白的；也可能是表达细胞系的状态不好或者转染效率过低，转染效率可以用带荧光标签的载体进行检测；所有的阳性克隆的筛选最后必须要进行测序鉴定，确定完全无误后方可进行后续的研究。如果是研究蛋白功能，当测序结果不是100%的时候，检查差异的碱基是不是同义突变，如果是则不影响后续实验，如UCU、UCC、UCA、UCG均编码丝氨酸。

任务 2　重组质粒的构建与筛选

工作任务单					
任务名称					
姓名		班级		日期	
目的基因信息					
名称		来源			

	PCR产物	载体
酶切体系		
酶切产物回收	1. 试剂盒名称： 2. 如何减少后续载体自连：	
目的基因与载体连接体系		
连接产物转化菌落生长图		

155

任务 2　重组质粒的构建与筛选

转化子筛选结果图	

教师考核			
考核内容	考核指标	配分	得分
酶切、回收、连接（20%）	操作规范性	10	
	减少载体自连试验设计	10	
连接产物转化（30%）	操作规范性及熟练程度	15	
	菌落生长情况	15	
转化子筛选（50%）	操作规范性及熟练程度	15	
	筛选结果判断准确性	20	
	阳性率	15	
总体评价			
考核人签字		总分	

任务2 重组质粒的构建与筛选

任务检测

姓名_____ 班级_____ 成绩_____

一、选择题（每题3分，共24分）

1. 限制性核酸内切酶的"限制"意思是（ ）。

A. 限制酶识别序列是特异的，对于非识别序列具有限制性

B. 限制酶剪切部位具有限制性 C. 限制酶识别的序列是有限的

D. 细菌中的限制酶可以剪切外源DNA，自身DNA被甲基化而不被剪切，起到保护自己
DNA，限制外源DNA的作用

2. 载体进行双酶切，以下说法错误的是（ ）。

A. 双酶切时尽量选择酶切温度相同的酶

B. 双酶切时尽量选择酶切缓冲液一致的酶

C. 两个酶最好都是实验室常用的酶

D. 如果两个酶的最适温度不同，建议选择一个适中的温度进行酶切

3. 载体上的MCS指的是（ ）。

A. 限制酶识别的多克隆位点 B. 抗性基因

C. 复制起点 D. 同源臂

4. 载体上的抗性基因的作用是（ ）。

A. 产生抗性使得细菌能存活

B. 标记基因，便于后续阳性克隆筛选

C. 载体自带，没有特别的用途

D. 为了保持抗性，抗性基因内部不要有限制酶酶切位点

5. 以下哪一个不是基因工程常用的载体？（ ）

A. 细菌质粒 B. 肿瘤细胞

C. 噬菌体 D. 动植物病毒

6. 转化过程中，42℃热激后再次冰浴的目的是（ ）。

A. 防止感受态失效 B. 使细胞暂时处于休眠状态

C. 关闭细胞上的"孔洞" D 以上都对

7. 转化子的筛选直接用菌液PCR，而不是将菌液中的质粒抽提出来再PCR，目的是（ ）。

A. 节约时间，提高生产效率 B. 更准确，不容易假阳性

C. 菌液PCR更容易扩出目的基因 D. 减少质粒损失

8. 菌落PCR阳性的质粒，提取后酶切鉴定不成功，可能的原因是（ ）。

A. 抽提的质粒浓度较低 B. 可能是酶失活

C. 可能是操作失误 D. 以上均有可能

157

任务2　重组质粒的构建与筛选

二、判断题（每题3分，共30分）

1. 未经处理的PCR产物5′端是磷酸基团。（　　）
2. 具有平末端的载体可以与PCR产物直接相连，可以用去磷酸化酶处理载体，以减少载体自连。（　　）
3. 如果需要与黏性末端载体连接则需要在基因序列上设计相应的酶切位点，PCR产物与载体用相同的限制酶酶切再连接，可以用去磷酸化酶处理载体，以减少载体自连。（　　）
4. 载体一旦被酶切开，其自连的可能性远不如与目的基因片段连接的可能性大。（　　）
5. 菌落PCR鉴定如果电泳条带正确，就代表是正确的阳性克隆，后续无需再测序验证。（　　）
6. 抗性和蓝白斑筛选都是肉眼观察结果，可作为转化子筛选的一个初步判断。（　　）
7. 基因重组并未对目的基因进行编辑，不存在伦理学问题。（　　）
8. 科学技术本身没有价值观，但是科学技术的应用具有两面性，科学技术一定不能滥用，尤其是生物科学技术的应用一定要对人的生命和健康高度负责。（　　）
9. 在设计PCR引物时，引入酶切位点后，常常要加入保护碱基，保护碱基数量设计如果不合适可能会大大影响后续的实验进展，为了可靠尽量自己亲自设计引物。（　　）
10. 所有的阳性克隆的筛选最后必须要进行测序鉴定，确定完全无误后方可进行后续的实验研究。（　　）

三、简答题（26分）

1. 简述限制酶的切割位点和切割产物。（10分）
2. 简述碱性磷酸酶减少载体自连的原理。（10分）
3. 简述化学转化法的原理。（6分）

四、论述题（20分）

你认为基因技术存在哪些生命伦理学问题？我们应该如何做到正确应用基因技术，尊重生命和法律？

参考答案

任务 3 目的基因的蛋白表达、纯化与功能验证

任务 3 目的基因的蛋白表达、纯化与功能验证

任务描述

教学方法	任务驱动	教学模式	理实一体
建议学时	10	教学地点	理实一体化教室

任务要求	将上一任务构建成功的重组质粒通过电转化方法转入BL21（DE3）pLysS表达载体，诱导 *DNase* I 蛋白表达，分离纯化目的蛋白，并简单验证其功能。

学习目标	知识和技能目标	思政和职业素养目标
	1. 掌握电转化法的原理，理解IPTG诱导外源基因表达的机理，掌握考马斯亮蓝法和SDS-PAGE测定蛋白浓度和分子量的方法； 2. 能够根据实验要求完成重组质粒转化、用AKTA蛋白纯化系统对目的蛋白进行分离纯化，并完成蛋白的浓度和分子量鉴定； 3. 初步理解蛋白功能验证的概念，在老师的指导下学习蛋白功能验证的实验设计。	1. 目的基因的表达、纯化和功能验证在整个课程里属于最难的内容，尤其是功能验证的实验设计，有利于克服畏难心理，培养综合实验设计的能力； 2. 通过鲨试剂事件，树立保护动物、保护自然的使命感和责任意识。

任务准备

设备、耗材和试剂	1. 设备：超净工作台、制冰机、冷冻离心机、恒温摇床、压力蒸汽灭菌器、紫外分光光度计、−80℃冰箱、电转仪、AKTA蛋白纯化系统、SDS-PAGE和琼脂糖凝胶电泳系统、1mL/200μL微量移液器。 2. 耗材：移液器吸头、摇菌管、LB平板、1.5mL离心管、口罩、手套。 3. 试剂：质粒抽提试剂盒、LB培养基（液体和平板）、三蒸水、IPTG、牛血清蛋白、考马斯亮蓝G250、SDS、TEMED、AP、BL21（DE3）pLysS受体菌。

技术路线

重组质粒抽提 → 重组质粒转化 → 目的蛋白诱导表达 → 表达蛋白收集纯化

蛋白功能验证 ← 纯化蛋白分子量检测 ← 纯化蛋白浓度检测 ←

任务3　目的基因的蛋白表达、纯化与功能验证

任务实施		
实施步骤	实施方法	知识充电站
1. 重组质粒抽提	取项目四中测序正确的克隆，抽提重组质粒，具体抽提方法见项目二任务4。	
2. 重组质粒转化	① 前夜接种受体菌BL21（DE3）pLysS，挑取单菌落于LB培养基中37℃摇床培养过夜。 ② 取2mL过夜培养物转接于200mL LB培养基中，在37℃摇床上剧烈振荡培养至$OD_{600}＝0.6$。将菌液迅速置于冰上，以下步骤务必在超净工作台和冰上操作。 ③ 吸取1.5mL培养好的菌液至1.5mL离心管中，在冰上冷却10min，4℃下3000r/min冷冻离心5min。 ④ 将离心管置于冰上，迅速倒掉上清，加入1mL电转三蒸水重悬细胞后，4℃，800r/min离心20min。重复该步骤2次。 ⑤ 将离心瓶置于冰上，迅速倒掉上清，加入预冷的加入100μL电转三蒸水重悬细胞。 ⑥ 移液器吸取1μL的重组质粒，迅速加入刚融化好的感受态中，轻弹管壁混匀。 ⑦ 冰浴30min，使其吸附到感受态细胞表面，同时将电转杯进行冰浴。 ⑧ 打开电转仪，调至Manual，调节电压为2.1kV，将电转杯用吸水纸擦拭干净，将冰浴后的感受态细胞转移到电转杯中，轻轻敲击电转杯使混合物均匀进入电转杯的底部。 ⑨ 将电转杯推入电转化仪中，按一下pulse键，听到蜂鸣声后，迅速向电转杯中加入700μL的LB液体培养基，重悬细胞后，转移到1.5mL的EP管中，于30℃复苏1h后将其均匀涂布于含Kan的LB固体培养基上，37℃培养过夜。	**电转化原理：** 除化学法转化细菌外，还有电击转化法，电转化法依靠短暂的电击，通过瞬间的高压电流，在细胞上形成孔洞，使外源DNA进入胞内，从而实现细胞的转化。 **感受态制备：** 电转化法不需要预先用$CaCl_2$诱导细菌，是利用瞬间高压在细胞上打孔，因而需用冰冷的超纯水多次洗涤处于对数生长前期的细胞，以使细胞悬浮液中应含有尽量少的导电离子。 **转化效率高：** 化学转化法转化效率通常为$1×10^6 ～ 1×10^7$转化子每$1μgDNA$，电转化的效率往往比化学法高出$2 ～ 3$个数量级，达到$1×10^9$转化子每$1μgDNA$，甚至$1×10^{10}$转化子每$1μgDNA$，所以常用于文库构建时的转化或遗传筛选，因操作简便，越来越为人们所接受。
3. 目的蛋白诱导表达	① 取2个菌落分别加入含4mL的LB培养基的试管中，37℃培养至OD_{600}为0.6 ～ 0.8。 ② 其中一试管中加入4μL的浓度为1mol/L的IPTG（异丙基-β-D-硫代半乳糖苷）诱导剂（IPTG：培养基=1：1000），使终浓度为1mmol/L；另一试管不加诱导剂作为阴性对照，16℃过夜诱导。	**外源基因在原核细胞中的表达** 就是令克隆的外源基因在原核细胞中以发酵的方式快速、高效地合成基因产物，从而生产出有重要价值的蛋白产品。用乳糖操纵子作为启动子进行蛋白表达的时候，需要诱导物进行诱导，但乳糖可以被细胞利用掉，而利用IPTG在结构上与乳糖的相似性也可以将基因表达启动，但它不能被细胞利用掉，从而实现持续的诱导表达。因此，**IPTG** 是一种普遍应用的诱导外源基因表达的诱导剂，能诱导菌种表达多种外源基因。

任务3　目的基因的蛋白表达、纯化与功能验证

实施步骤	实施方法	知识充电站
4. 表达蛋白收集及纯化	① 将菌液导入500mL离心杯，5000r/min离心10min，弃上清。 ② 将离心杯倒扣至滤纸上，沥干废液，加入100μL 50mM pH8.0的Tris-HCl缓冲液悬浮。 ③ 使用超声波振荡器破坏细胞膜，120kHz，工作4s，间隙4s，工作99个循环。 ④ 将超滤后的菌液倒入50mL离心管，12000r/min离心10min，取上清到另一干净离心管。 ⑤ 将离心后的蛋白上清使用0.45μm滤膜过滤杂质，以免堵塞纯化柱，滤液冰浴放置，准备上样。 ⑥ 放置好平衡和洗脱缓冲液，使用AKTA纯化仪平衡GE His亲和色谱柱，开始上样。 ⑦ 根据峰值及峰型收集目的蛋白。	**AKTA蛋白纯化系统**：当前蛋白纯化经常用到的全自动液相色谱系统，系统具有配套的色谱柱和编辑的方法模板可以进行分子筛凝胶过滤色谱、离子交换色谱、亲和色谱等，配有组分收集器，具有峰收集功能，可通过控制软件UNICORN来进行样品收集。 **样品收集延迟体积**：由于紫外检测器到收集管流出口是有一段连线的，而这段连线的内径体积就是所谓的延迟体积，所以是先有紫外信号，后收集样品。而延迟体积的多少关系着样品出峰位置和收集管的对应位置以及收集管样品的取舍，这就需要收集样品的时候要按照紫外峰图向后多收集0.5～1mL。
5. 纯化蛋白的浓度检测（考马斯亮蓝法）	① 配制0.1mg/mL、0.2mg/mL、0.3mg/mL、0.4mg/mL、0.5mg/mL的牛血清白蛋白（BSA）溶液1mL，蒸馏水做空白，每支试管加入5mL考马斯亮蓝G-250。 ② 使用分光光度计测定595nm的吸光度，做出标准曲线，如图4-3-1。 ③ 试管中加入0.5mL待测蛋白质，补蒸馏水到1mL，加入5mL考马斯亮蓝G-250，蒸馏水做空白，测定纯化蛋白的吸光度，带入公式计算出蛋白质浓度。 图4-3-1　OD_{595}蛋白质质量浓度标准曲线	**考马斯亮蓝法原理**：考马斯亮蓝G-250是一种甲基取代的三苯基甲烷，分子中含有磺酸基的蓝色染料，在465nm处有最大吸收值。考马斯亮蓝G-250能与蛋白质通过范德华相互作用形成蛋白质-考马斯亮蓝复合物蓝色溶液，引起该染料最大吸收波长后移，在595nm处有最大吸收值，远高于考马斯亮蓝本身在465nm的光吸收，可大大提高蛋白质的测定灵敏度，最低测试蛋白质量在1μg左右。 **标准蛋白溶液配制**：标准蛋白质溶液选用纯的牛血清白蛋白，根据其氮含量同0.15mol/L NaCl配制成1mg/mL蛋白溶液。

161

任务 3　目的基因的蛋白表达、纯化与功能验证

实施步骤	实施方法	知识充电站
6. 纯化蛋白的分子量检测（SDS-PAGE）	① 按下表比例配制12%的分离胶和4%的浓缩胶，用两块电泳玻璃板制成垂直板槽，垂直放置。将配制好的分离胶溶液倒入，滴加去离子水，待胶聚集后，到出去离子水，用吸水纸吸干，倒入浓缩胶，再插入梳子。分离胶与浓缩胶配制如表4-3-1。 表4-3-1　分离胶与浓缩胶的配制 ② 加入上样缓冲液：在样品中加入等体积上样缓冲液，100℃水浴中煮沸3～5min，取出待用。 ③ 上样、电泳：将样品和蛋白分子量标记加到样品孔中开始电泳，先恒压80V，样品进入分离胶后恒压120V，直到溴酚蓝即将移出泳道为止。 ④ 固定、染色、脱色：电泳完毕，取下凝胶浸泡于染色液中染色2h，最后用脱色液脱色至条带清晰为止。	**SDS-PAGE法原理：** 在聚丙烯酰胺系统中加入阴离子去污剂十二烷基磺酸钠（SDS），大多数蛋白质能与SDS按一定比例结合，复合物都带上相同密度的负电荷，它的量大大超过了蛋白质分子原有的电荷量，因而消除了蛋白质原有的电荷差别，使蛋白质分子电泳的迁移率主要取决于本身的分子量，在一定条件下，蛋白质的分子量的对数与电泳迁移率间呈负相关。如下图4-3-2：4号条带对应分子量约为30kD，其他1～3号未得到目的蛋白。 图4-3-2　电泳结果图
7. 蛋白功能验证	① 用制备好的DNase I原液消化不同大小的质粒DNA，如表4-3-2，以不加酶的反应体系为对照： 表4-3-2　消化质粒反应体系 ② 37℃反应1h，电泳检测。 ③ 结果分析：奇数道为对照，偶数道为加酶消化后的质粒，表明制备的DNase I能将不同大小的质粒消化完全，如图4-3-3。 图4-3-3　蛋白功能验证结果分析	纯化后的蛋白质需要进行功能验证，以确定通过基因体外合成、重组、转化、表达、纯化后所得到的蛋白质是否具有预期功能。本实验表达的是DNase I，该酶的功能是消化DNA，因此可以用不同大小的质粒DNA或者其他DNA作为对象，用纯化后的蛋白切割后电泳检测切割效果初步验证其功能，如果切割效果好，说明该酶制备成功。

表4-3-1　分离胶与浓缩胶的配制

试剂	体积	
	分离胶	浓缩胶
ddH₂O	6.7mL	6.1mL
缓冲液	5mL	2.5mL
胶贮液	8mL	1.3mL
10%SDS	200μL	100μL
TEMED	10μL	10μL
10%AP	100μL	50μL

表4-3-2　消化质粒反应体系

试剂	体积
10× 缓冲液	5μL
质粒DNA	10μL
DNase I	1μL
H₂O	34μL

162

思政微课堂15

蓝色血液引来的杀身之祸

【事件】

2021年2月，国家林业和草原局、农业农村部发布《国家重点保护野生动物名录》，将鲎（中国鲎及圆尾鲎）列为国家二级保护动物，意味着以鲎血为原材料的内毒素检测试剂将受到严格管控，药企、医疗器械企业迫切需要研发其他替代方法。

鲎（hòu）存在于地球上已有4亿5000万年之久，是地球上古老的物种之一，是极为珍贵的"活化石"生物。鲎的身体里流淌着一种十分珍奇的含铜量很高的淡蓝色血液。鲎血浆中有一种非常原始而特别的变形细胞，细胞中含有凝固蛋白原，一遇到细菌内毒素就会凝集。科学家在1968年就从鲎血液中提取并研发出"鲎试剂"，"鲎试剂"成为最灵敏且专一的内毒素检查方法，它被广泛用于筛检注射液、放射性药品、疫苗及其他生物制品、食品等的侵入式内毒素检测和定量。

近年来，由于人类对鲎栖息地的破坏、盗捕滥杀、环境污染，以及对大量鲎血制剂需求等因素的影响，鲎被过度捕捞，其自然种群数量急剧减少，面临着严重的生存危机。我国鲎资源更是已经到了濒临枯竭的程度，因此，保护鲎资源，建立不依赖动物鲎来源的可替代的内毒素检测方法迫在眉睫。

重组C因子内毒素检测法是目前公认的"鲎试剂"内毒素检测法最佳的替代方法。这种方法利用基因重组技术进行关键蛋白的表达生产，不再需要动物鲎的血液，也不再受到鲎资源的限制，并且具有更高的特异性，更好的专属性、精密度、准确度和灵敏度。2012年6月，美国食品药品监督管理局（FDA）将重组C因子法作为内毒素检测的替代方法；继欧洲药典（EP）、日本药典（JP）和美国药典（USP）之后，《中华人民共和国药典》（2020版）将重组C因子法列为细菌内毒素检测方法。

【启示】

1. 人与自然是生命共同体。每个物种都是生态系统中的重要一员，通过食物链的关系，物种之间起到互相依存、互相牵制的作用。一旦食物链的某一环节出现问题，整个生态系统的平衡就会受到严重影响。"我们要像保护眼睛一样保护自然和生态环境，推动形成人与自然和谐共生新格局"。

2. 基因技术的应用离不开伦理道德的引导和规范。鲎能够被保护，除了立法，还因为基因技术的发展。面对基因技术的突飞猛进，需要人们以医学伦理和生命伦理为思维框架，加快对伦理规范的制定和扩展。

【思考】

1. 深刻领会关于"以自然之道，养万物之生"的野生动植物保护思想。
2. 如何理解保护濒危动植物就是拯救人类自己？

任务 3 目的基因的蛋白表达、纯化与功能验证

扩展学习

重组蛋白表达技术

重组蛋白表达技术可以用来分析基因调控以及研究蛋白质结构和功能，无论是体内功能研究还是用于结构研究的大规模生产，以及生物治疗领域的药物开发都需要用到蛋白表达技术。蛋白质通用合成路径为DNA—mRNA—蛋白质，实际操作流程为目的基因的克隆或合成、重组载体构建、蛋白表达、蛋白纯化、蛋白质量检测，这也就对应了生物医药研发和生产的通用岗位和典型工作任务。

① 不同蛋白表达系统的选择，如表4-3-3。

表4-3-3 不同蛋白表达系统

类型	表达系统	优势	劣势	推荐表达
大肠杆菌	原核	• 经济 • 快速 • 高产量 • 应用广泛	• 包涵体 • 无翻译后修饰 • 大分子量蛋白表达困难	• 细菌类蛋白 • 抗原类蛋白 • 细胞因子 • 酶类
酵母细菌	真核	• 经济 • 快速 • 高产量 • 部分翻译后修饰	• 非人源糖基化 • 高甘露糖修饰	• 细胞因子 • 小分子量蛋白 • 酶类
杆状病毒昆虫细胞	真核	• 基因容量大 • 可溶蛋白 • 适合毒性蛋白 • 类似哺乳动物系统翻译后修饰	• 周期长 • 成本高 • 缺少部分糖基化	• 细胞质蛋白 • 毒性蛋白 • 跨膜蛋白 • 分泌蛋白 • 激酶
哺乳动物细胞	真核	• 可溶蛋白 • 更低内毒素 • 更好的活性 • 更好的翻译后修饰 • 可瞬时转染与稳定转染表达	• 周期长 • 成本高	• 分泌蛋白 • 跨膜蛋白胞外区 • 重组抗体 • 抗体片段

② 常用的重组蛋白表达方案，如表4-3-4。

表4-3-4 常用的重组蛋白表达方案

原核蛋白/哺乳动物细胞瞬时表达流程	酵母蛋白表达流程	杆状病毒-昆虫细胞表达流程
基因合成及密码子优化	基因合成及密码子优化	基因合成及密码子优化
载体构建 • 克隆至表达载体 • 质粒测序 • 大量质粒制备	载体构建 • 克隆至表达载体 • 质粒测序 • 大量质粒制备	载体构建 • 克隆至表达载体 • 质粒测序 • 大量质粒制备
表达纯化 • 转化合适菌株 • 亲和纯化 • 变性复性 • SDS-PAGE及UV分析大量表达纯化	载体线性化及转化 • 载体线性化 • 转化线性载体至合适菌株 • PCR鉴定阳性转化株 • 高拷贝转化子筛选	载体线性化及转化 • 载体线性化 • 转化线性载体至合适菌株 • PCR鉴定阳性转化株 • 高拷贝转化子筛选
—	表达纯化 • 小量表达、纯化及条件优化 • SDS-PAGE及UV分析大量表达及纯化	—

164

任务 3　目的基因的蛋白表达、纯化与功能验证

工作任务单					
任务名称					
姓名		班级		日期	
质粒抽提	Nanodrop检测结果		琼脂糖凝胶电泳图谱		
	浓度：_____ $OD_{260}/OD_{280}=$ _____ $OD_{260}/OD_{230}=$ _____				
重组质粒 转化菌落 生长图					
蛋白纯化 峰型图					

任务 3　目的基因的蛋白表达、纯化与功能验证

蛋白浓度测定	蛋白的浓度：_____ 标准曲线图：
蛋白分子量检测	蛋白分子量：_____ SDS-PAGE 电泳图：

教师考核			
考核内容	考核指标	配分	得分
质粒抽提 （25%）	操作规范性	15	
	质粒质量	10	
重组质粒 转化 （25%）	操作规范性及熟练程度	15	
	菌落生长结果	10	
蛋白纯化 （50%）	峰型结果	15	
	浓度	10	
	标准曲线结果	10	
	分子量结果	15	
总体评价			
考核人签字		总分	

166

任务3　目的基因的蛋白表达、纯化与功能验证

任务检测

姓名_____　班级_____　成绩_____

一、选择题（每题3分，共24分）

1. 细胞培养基中加入IPTG的作用是（　　）。
  A. 持续诱导蛋白表达　　　　　　　　　B. 作为乳糖替代物为细胞生长提供营养
  C. IPTG结构与乳糖相似，可激活转录　　D. IPTG与阻抑蛋白结合，阻止转录

2. 克隆载体与表达载体最大的区别是（　　）。
  A. 克隆载体有标记基因　　　　　　　　B. 克隆载体有MCS
  C. 克隆载体只需要携带外源DNA的质粒在细胞中大量复制，而表达载体则需要将外源基
  　　因在细胞中大量表达
  D. 克隆载体无启动子

3. 下列不属于克隆载体的基本元件的是（　　）。
  A. 标记基因　　　　　　　　　　　　　B. 复制子
  C. MCS　　　　　　　　　　　　　　　D. 启动子

4. 下列不属于表达载体的基本元件的是（　　）。
  A. 强的启动子　　　　　　　　　　　　B. 转化子
  C. SD序列　　　　　　　　　　　　　　D. 不依赖于ρ因子的转录终止子

5. 以下关于琼脂糖凝胶电泳和聚丙烯酰胺凝胶电泳说法正确的是（　　）。
  A. 前者只能分离DNA，不能分离蛋白质
  B. 前者只能分离蛋白质，不能分离DNA
  C. 二者可以交换使用，进行大分子蛋白质电泳时，可以考虑换用琼脂糖凝胶，如果需要精
  确到个位数碱基的DNA电泳也可以使用聚丙烯酰胺凝胶系统
  D. 前者竖着电泳，后者横着电泳

6. SDS-PAGE垂直制胶的原因是（　　）。
  A. 方便制胶，底层接触面积小不容易漏胶
  B. 便于点样
  C. 电泳槽本身的设计所决定的
  D. SDS-PAGE制胶由于使用了两种不同的凝胶系统，所以需要一个水平的分界面,这个分
  界面在配胶的过程中是依靠异丙醇在重力作用下的压力而形成的，所以需要垂直制胶

7. 下列关于电泳的说法错误的是（　　）。
  A. 电泳中使样品移动的本质是样品所携带的电荷
  B. 区分最后的条带直接可以用分子量而无需使用电荷数
  C. DNA分子中负电荷的量就可以用DNA的分子量来代替，反过来，DNA的分子量也就可
  以用DNA分子所携带的电荷来代替，因为DNA分子的电荷/分子量比是恒定的
  D. 在SDS-PAGE中，SDS将蛋白质变性成直线分子并紧密包裹于其上，其所携带的电荷与
  蛋白分子量之间不能形成一定比例，因此电荷数不能代替分子量

167

任务 3　目的基因的蛋白表达、纯化与功能验证

8. 以下关于琼脂糖凝胶电泳和聚丙烯酰胺凝胶电泳说法错误的是（　　）。
　　A. 样品不同，一个是DNA，一个是蛋白质　　　B. 孔径大小不同
　　C. 染色剂不同　　　　　　　　　　　　　　　　D. 观察方法不同

二、判断题（每题3分，共30分）

1. 电转化法直接用电激，无需事先对细胞进行处理。（　　）
2. 电转化法相对于化学转化法转化效率高，操作更为简单，因此化学法已逐步被淘汰。
　（　　）
3. 考马斯亮蓝G250在595nm处有最大吸收值。（　　）
4. 琼脂糖凝胶只能分离DNA，不能分离蛋白质。（　　）
5. 聚丙烯酰胺凝胶比琼脂糖凝胶孔径大，更适合分离DNA和大分子蛋白质。（　　）
6. 琼脂糖凝胶用EB或者其他染料染色，需要紫外灯下观察条带。（　　）
7. 聚丙烯酰胺凝胶一般用考马斯亮蓝染色，需要先脱色再显色，观察起来更为方便。（　　）
8. DNA在琼脂糖凝胶中是一直电泳到底，蛋白质在聚丙烯酰胺凝胶中是先经过浓缩胶再经过
分离胶。（　　）
9. 基因克隆和表达一般载体是通用的。（　　）
10. 对于某些难克隆的外源DNA分子，一般不追求其拷贝数，最重要的是将其正确地克隆
出来。（　　）

三、简答题（26分）

1. 复习乳糖操纵子的结构，并简述其基因表达调控机理。（14分）
2. 简述电转化的原理及电转化感受态制备的特点。（6分）
3. 简述SDS-PAGE法分离蛋白质的原理。（6分）

四、论述题（20分）

　　"鲎试剂"检测内毒素的原理是什么？为什么有些公司不愿意用重组C因子内毒素检测法
替代"鲎试剂"？保护濒危动物对于人类的生存发展而言有什么重大意义，国家为此出台了哪
些相关法律？

参考答案

参考文献

[1] J. E. 克雷布斯, E. S. 戈尔茨坦, S.T. 基尔帕特里克, 等. Lewin基因XII [M]. 江松敏, 译. 北京: 科学出版社, 2022.

[2] M. R. 格林, J. 萨姆布鲁克, 等. 分子克隆实验指南 [M]. 4版. 贺福初, 主译. 北京: 科学出版社, 2021.

[3] T.A.布朗. 基因克隆和DNA分析 [M]. 7版. 魏群, 译. 北京: 高等教育出版社, 2018.

[4] 吴乃虎. 基因工程原理 [M]. 2版. 北京: 科学出版社, 2021.

[5] 魏群. 分子生物学实验指导 [M]. 4版. 北京: 高等教育出版社, 2021.

[6] 翟中和, 王喜忠, 丁明孝, 等. 细胞生物学 [M]. 北京: 高等教育出版社, 2011.